essentials

essentials liefern aktuelles Wissen in konzentrierter Form. Die Essenz dessen, worauf es als „State-of-the-Art" in der gegenwärtigen Fachdiskussion oder in der Praxis ankommt. *essentials* informieren schnell, unkompliziert und verständlich

- als Einführung in ein aktuelles Thema aus Ihrem Fachgebiet
- als Einstieg in ein für Sie noch unbekanntes Themenfeld
- als Einblick, um zum Thema mitreden zu können

Die Bücher in elektronischer und gedruckter Form bringen das Expertenwissen von Springer-Fachautoren kompakt zur Darstellung. Sie sind besonders für die Nutzung als eBook auf Tablet-PCs, eBook-Readern und Smartphones geeignet. *essentials:* Wissensbausteine aus den Wirtschafts-, Sozial- und Geisteswissenschaften, aus Technik und Naturwissenschaften sowie aus Medizin, Psychologie und Gesundheitsberufen. Von renommierten Autoren aller Springer-Verlagsmarken.

Weitere Bände in der Reihe http://www.springer.com/series/13088

Petra Schling

Fettgewebe – zu Unrecht ungeliebt

Warum wir unsere Fettpolster
schätzen und gesund halten sollten

Petra Schling
Biochemie-Zentrum
Universität Heidelberg
Heidelberg, Deutschland

ISSN 2197-6708   ISSN 2197-6716 (electronic)
essentials
ISBN 978-3-658-29244-7   ISBN 978-3-658-29245-4 (eBook)
https://doi.org/10.1007/978-3-658-29245-4

Die Deutsche Nationalbibliothek verzeichnet diese Publikation in der Deutschen Nationalbibliografie; detaillierte bibliografische Daten sind im Internet über http://dnb.d-nb.de abrufbar.

© Springer Fachmedien Wiesbaden GmbH, ein Teil von Springer Nature 2020
Das Werk einschließlich aller seiner Teile ist urheberrechtlich geschützt. Jede Verwertung, die nicht ausdrücklich vom Urheberrechtsgesetz zugelassen ist, bedarf der vorherigen Zustimmung des Verlags. Das gilt insbesondere für Vervielfältigungen, Bearbeitungen, Übersetzungen, Mikroverfilmungen und die Einspeicherung und Verarbeitung in elektronischen Systemen.
Die Wiedergabe von allgemein beschreibenden Bezeichnungen, Marken, Unternehmensnamen etc. in diesem Werk bedeutet nicht, dass diese frei durch jedermann benutzt werden dürfen. Die Berechtigung zur Benutzung unterliegt, auch ohne gesonderten Hinweis hierzu, den Regeln des Markenrechts. Die Rechte des jeweiligen Zeicheninhabers sind zu beachten.
Der Verlag, die Autoren und die Herausgeber gehen davon aus, dass die Angaben und Informationen in diesem Werk zum Zeitpunkt der Veröffentlichung vollständig und korrekt sind. Weder der Verlag, noch die Autoren oder die Herausgeber übernehmen, ausdrücklich oder implizit, Gewähr für den Inhalt des Werkes, etwaige Fehler oder Äußerungen. Der Verlag bleibt im Hinblick auf geografische Zuordnungen und Gebietsbezeichnungen in veröffentlichten Karten und Institutionsadressen neutral.

Planung/Lektorat: Sarah Koch
Springer Spektrum ist ein Imprint der eingetragenen Gesellschaft Springer Fachmedien Wiesbaden GmbH und ist ein Teil von Springer Nature.
Die Anschrift der Gesellschaft ist: Abraham-Lincoln-Str. 46, 65189 Wiesbaden, Germany

Was Sie in diesem *essential* finden können

- Einen Überblick über Aufbau und Funktionen unseres Fettgewebes
- Aufklärung zu Irrtümern und Missverständnisse, die sich um das Fettgewebe ranken
- Vorstellung der wichtigsten Botenstoffe von Fettzellen und ihren Vorläufen
- Eine mögliche Kausalkette vom Überfluss zum Diabetes, und warum das Fettgewebe zu Unrecht zum Sündenbock gemacht wir

Vorwort

Ich durfte vor einigen Jahren im Labor von Prof. Löffler in Regensburg selbst an menschlichen Fettzellen forschen und eines der Adipokine (Angiotensin) als Botenstoff des Fettgewebes untersuchen. Seither hat sich viel getan. Viele neue Details sind ans Licht gekommen. Vor allem haben sich generelle Prinzipien herauskristallisiert, die aus den einzelnen Botenstoffen eine für uns immer besser verständliche Sprache des Fettgewebes ableiten lassen. Dieses *essential* basiert nicht maßgeblich auf meinen eigenen Forschungsdaten, sondern vor allem auf Publikationen anderer. Diese finden Sie im Literaturverzeichnis. Den Autoren dieser Artikel gilt mein Dank: Ohne sie wäre dieses *essential* nie zustande gekommen. Auch wenn ich nicht mehr aktiv daran forsche, ist mir das Interesse am Fettgewebe geblieben und der Wunsch, dieses oft ungeliebte Gewebe in ein besseres Licht zu rücken.

Petra Schling

Inhaltsverzeichnis

1 **Fettgewebe und Fettzellen** 1
   1.1 Fettgewebe ist nicht gleich Fettgewebe: unterschiedliche
       Orte, unterschiedliche Aufgaben 2
   1.2 Fettzellen und ihre Vorläufer 4
   1.3 Andere Zellen des Fettgewebes 6
   1.4 Von Zelllinie, Maus und Mensch – Missverständnisse
       rund ums Fett 7

2 **Lokale Adipokine: Informationsaustausch innerhalb
des Fettgewebes** 11
   2.1 Wachstumsfaktoren 11
   2.2 Cytokine, Botenstoffe des Immunsystems................... 13
   2.3 Lipide als Botenstoffe 14
   2.4 Angiotensine, Blutdruck-Regulation und mehr................ 16
   2.5 Östrogen... 17

3 **Hormone des Fettgewebes: Was nach außen dringt** 19
   3.1 Leptin... 19
   3.2 Adiponectin 22

4 **Freie Fettsäuren – die Wurzel allen Übels? Warum uns ein
Leben im Schlaraffenland nicht gut tut** 25
   4.1 Freie Fettsäuren als Bindeglied zwischen Überernährung und
       Diabetes... 26
   4.2 Methoden, die Fettleibigkeit zu reduzieren: Potenzial
       und Risiken 29

Literatur... 37

Fettgewebe und Fettzellen 1

Wir Menschen aus Wohlstandsgesellschaften stehen unserem Fettgewebe selten positiv gegenüber. Unser Essen ist nahrhaft und steht uns immer in reichlichem Ausmaß zur Verfügung. Den Überschuss an Energie speichern wir als Fett für schlechte Zeiten, die es in Deutschland und vielen anderen reichen Gesellschaften kaum noch gibt. Schlechte Zeiten, das sind nicht nur Hungersnöte, sondern auch auszehrende Infektionskrankheiten. Durch die reichliche und ständig verfügbare hochwertige Nahrung und die gute medizinische Versorgung (Impfungen, Antibiotika, Hygiene) bleiben unsere Speicher immer gut gefüllt. Der Wohlstand zeigt sich also in Fettleibigkeit, welche in unserer Gesellschaft zu Stigmatisierung und Diskriminierung führt (DAG Medienleitfaden 2018; Daly et al. 2019). Also wollen wir unser Fettgewebe am liebsten loswerden. Von der „Fett-weg"-Diät bis zur Fettabsaugung wird uns auch viel angeboten, um dieses Ziel zu erreichen. Ein wirksames Wundermittel gibt es aber nicht – zum Glück! Denn unser Fettgewebe ist vielfältiger und wichtiger als wir wahrhaben wollen, und ein zu wenig an Fett hat viel drastischere Auswirkungen auf unsere Gesundheit als ein zu viel. Und wie jedes andere Gewebe auch ist unser Fett ein integraler Bestandteil von uns. Es kommuniziert ständig mit allen anderen Teilen unseres Körpers, um uns als ganzheitliches Lebewesen bei Mangel wie auch Überfluss optimal zu unterstützen.

1.1 Fettgewebe ist nicht gleich Fettgewebe: unterschiedliche Orte, unterschiedliche Aufgaben

Fettgewebe gehört zum lockeren Bindegewebe und ist relativ elastisch. Es kommt fast überall in unserem Körper vor. Einzige Ausnahme: unser zentrale Nervensystem, also Gehirn und Rückenmark. Je nach Lage hat Fettgewebe vielfältige Funktionen (s. Abb. 1.1): Es ist unbestritten unser wichtigster Energiespeicher, dient der Wärmeisolation, kann als braunes oder beiges Fettgewebe selbst Wärme produzieren und ist eine wichtige Bausubstanz unseres Körpers mit Stoßdämpferwirkung.

Unter der Haut findet sich überall am Körper Fettgewebe. Manchmal sind es nur wenige Zellschichten, wie z. B. am Handgelenk, die aber schon ausreichen, um die Haut gegenüber Sehnen und Muskeln verschieblich zu machen. Dort, wo das Unterhaut-Fettgewebe besonders dick werden kann, also an Bauch, Hüfte und Po, übernimmt es gleichzeitig die Aufgabe eines langfristigen Energiespeichers. Zwischen den inneren Organen im Bauchraum liegen mehrere Schichten an Fettzellen. Diese sogen auch hier für eine Verschieblichkeit der Organe zueinander und schützen die Organe vor Stoß- und Quetsch-Gefahr. Das Eingeweidefett ist sehr flexibel und kann Energie für kurzfristigere Bedürfnisse speichern und auch wieder bereitstellen. Es dient speziell als Energielieferant für körperlicher Aktivität bei Männern. Um die weibliche Brustdrüse herum liegendes Fettgewebe hält den Platz frei für die massive Vergrößerung der Brustdrüse bei der Milchproduktion und liefert auch einen Teil der Fette für die Milch. Reines Baufett ist in Lage und Größe über die Lebensspanne sehr stabil. Es liegt als Fettpfropf z. B. auf dem Kehldeckel und drückt diesen beim Schluckvorgang herunter, sodass Essen oder Trinken nicht in die Luftröhre gelangt. Baufett stabilisiert Gelenke und ermöglicht deren Beweglichkeit und nicht zuletzt stehen und laufen wir auf Fett, das unter unseren Fersen und Fußballen den Aufprall auf den Knochen abfedert.

Menschliche Säuglingen werden im Vergleich zu anderen Säugetierarten mit einem ziemlich hohen Anteil an Unterhaut-Fettgewebe („Babyspeck") geboren, den sie in den ersten Monaten noch vergrößern (Kuzawa 1998). In den Wangen besitzen sie einen ausgeprägten Fettpfropf zwischen der Kaumuskulatur, der während des Stillvorgangs als Saugkissen dient und dem Säugling sein charakteristisches pausbäckiges Aussehen verleiht. Außerdem haben Neugeborene noch eine ganz andere Art von Fettgewebe, das sogenannte braune Fettgewebe. Braune Fettzellen sind speziell dafür ausgerüstet, die Energie, die sie als Fett gespeichert

1.1 Fettgewebe ist nicht gleich Fettgewebe …

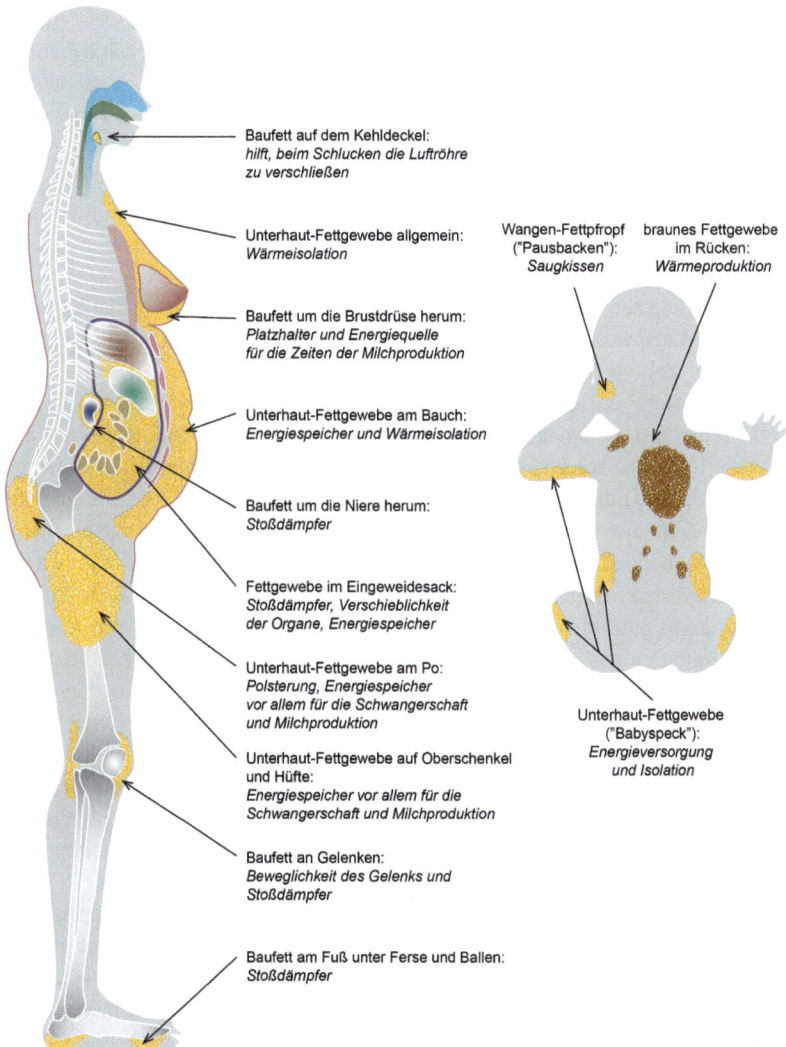

Abb. 1.1 einige wichtige Orte und Funktionen von Fettgewebe im menschlichen Körper. (Quelle: eigene Darstellung)

haben, in Wärme umzusetzen. Neugeborene sind auf diese Art der Wärmeproduktion angewiesen, weil sie noch nicht die Feinmotorik entwickelt haben, um zu zittern. Mit zunehmender motorischer Entwicklung des Kindes verschwindet das braune Fettgewebe immer weiter und ist im Jugendlichen und Erwachsenen nur noch als einzelne Zellen verstreut im weißen Fettgewebe zu finden.

1.2 Fettzellen und ihre Vorläufer

Nach den üblichen Kriterien des Lebens ist eine Zelle die kleinste unteilbare Einheit eines Lebewesens. Vielzellige Lebewesen wie wir Menschen enthalten verschiedene Zelltypen in unterschiedlichen Funktionseinheiten, den Geweben. Das Fettgewebe ist benannt worden nach den in ihm vorkommenden riesigen Zellen, die fast komplett durch einen einzigen Öltropfen ausgefüllt scheinen (s. Abb. 1.2). Eine solche Fettzelle ist kugelig und kann einen maximalen Durchmesser von 120 µm, also ca. ein zehntel Millimeter, erreichen. Sie könnten eine einzelne Zelle also gerade so noch mit bloßem Auge sehen. Das entsprechende Maximalvolumen, das eine Fettzelle erreichen kann, liegt demnach bei etwa 900 Pikolitern – eben ein gerade noch sichtbares Öltröpfchen (Jernås et al. 2006). Das Fett in dem Fetttropfen besteht aus Triacylgliceriden mit einem Verhältnis von ungesättigten zu gesättigten Fettsäuren von etwa 60:40 (Kingsbury et al. 1961). Unser Fett ist also bei Raumtemperatur vor allem aber bei Körpertemperatur flüssig. Neben dem Fetttropfen haben Fettzellen alle Bestandeile, die auch andere Zellen so haben: sie haben ihr Erbmaterial verpackt in einem Zellkern, sie beziehen ihre Energie aus den Kraftwerken der Zelle, den Mitochondrien, und betreiben aktive Protein-Biosynthese und Stoffwechsel. Alles in dem dünnen, wässrigen Saum um den dominanten Fetttropfen und umhüllt von einer Zellmembran aus (ebenfalls flüssigen) Membranlipiden.

Dass das Öl in den Fettzellen flüssig sein muss, wird deutlich, wenn man sich die Konsistenz von festem Fett (Butter oder Kokosfett) vorstellt. Mit festem Fett wäre die Beweglichkeit unseres Körpers massiv eingeschränkt. Aber wie können wir auf Öl stehen? Wie halten diese Fetttröpfchen Stöße und andere mechanische Belastung aus? Hierzu braucht es eine Vielzahl an Strukturproteinen. Einige legen sich in der Zelle um den Öltropfen herum oder bilden eine Art Netz, auf dem die Zellmembran aufgespannt ist. Außerhalb wird jede Fettzelle von einem weiteren Netz an Matrix-Proteinen umgeben, sodass sie sich nicht zu stark verformen oder gar platzen kann.

Fettgewebe entwickeln sich aus dem embryonalen Bindegewebe, auch Mesenchym genannt. Es besteht aus sternförmig verzweigten Zellen, den mesenchymalen

1.2 Fettzellen und ihre Vorläufer

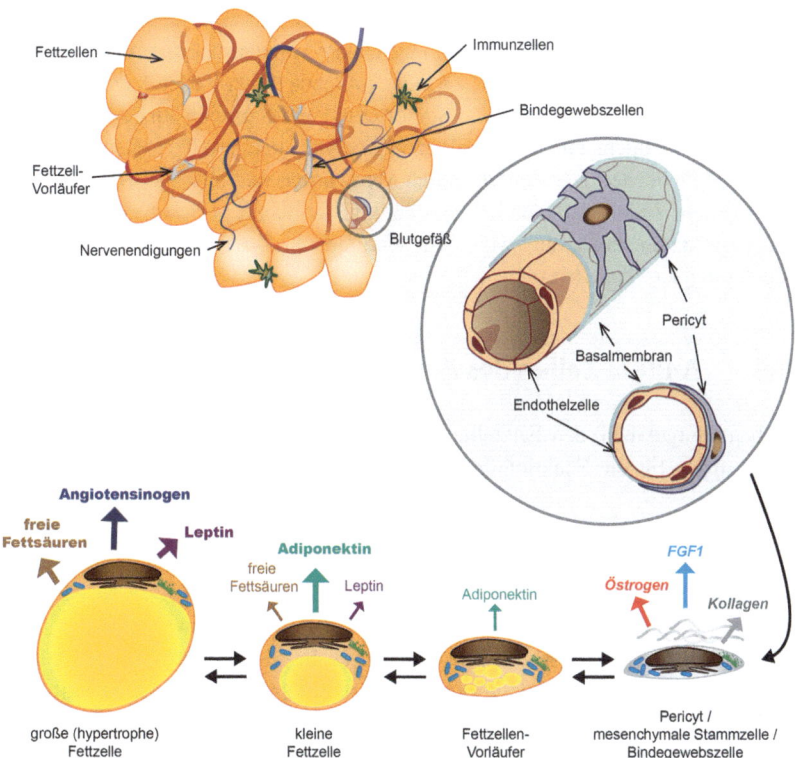

Abb. 1.2 Zellen des Fettgewebes und die von ihnen sezernierten Adipokine. (Quelle: eigene Darstellung)

Stammzellen. Sie sind die Vorläufer für alle Arten von Bindegewebe, Knorpel und Knochen, glatte Muskulatur, Herzmuskel, das blutbildende System im Knochenmark und auch die Blut- und Lymphgefäße. Schon in den ersten Wochen als Embryo entwickeln sich mesenchymale Stammzellen zu endothelialen Vorläuferzellen, Pericyten und glatten Muskelzellen, welche zusammen die ersten Blutgefäße aufbauen. Um diese herum entwickelt sich dann das Fettgewebe. Im Pericyten, noch im engen Kontakt zu den Endothelzellen, entstehen die ersten Fetttröpfchen, die im weiteren Verlauf der Fettzell-Differenzierung schnell zu größeren Tropfen verschmelzen, bis nur noch eine Fettkugel die Zelle ausfüllt. Solche kleinen Fettzellen sind zuerst nur 5–10 µm im Durchmesser und können bei Bedarf ihre Größe verzehnfachen. Sie können das Fett aber auch wieder abbauen und dann das Aussehen und die Funktionen von Bindegewebszellen übernehmen. In jedem Fettgewebe gibt es also alle Entwicklungsstadien von Fettzellen – von der mesenchymalen Stammzelle hin bis zur fettgefüllten Riesenzelle. Und jede dieser Zellen kann sich in die anderen (zurück-)verwandeln. Die Stammzellen und fettfreien Bindegewebszellen können sich zudem durch Zellteilung vermehren. Fettgewebe hat so prinzipiell zwei Möglichkeiten zu wachsen: durch Vermehrung und anschließende Differenzierung der Zellen und durch Vergrößerung der schon vorhandenen Fettzellen. Genauso kann es auch auf zwei Arten schrumpfen: durch Zelltod und durch Verkleinerung der Fettzellen.

1.3 Andere Zellen des Fettgewebes

Neben Blutgefäßen, den Fettzellen und ihren Vorläufern sind noch zwei weitere Zellgruppen für die Funktion des Fettgewebes unerlässlich: Nerven und Immunzellen.

Die Nervenzellen gehören zum sympathischen Nervensystem und liegen mit ihren Zellkörpern neben den Wirbelkörpern im Rücken. Von dort entsenden sie lange Ausläufer (Axone) bis in das Fettgewebe hinein, wo sie sich in viele einzelne Endigungen aufteilen, die mit den Fettzellen in direkten Kontakt treten (Zeng et al. 2015). Wenn wir Stress haben (z. B. frieren, hungern oder körperliche aktiv sein sollten), dann werden diese sympathischen Nerven aktiv und schütten den Botenstoff Noradrenalin aus. Dieser veranlasst die Fettzellen, das gespeicherte Fett zu spalten und an das Blut abzugeben. Diese Lipolyse führt zu einem Anstieg freier Fettsäuren im Blut, die nun anderen Zellen, zum Beispiel dem Herz- und Skelettmuskel, als Energiequelle dienen können. Neben den Fettsäuren wird auch Glycerin von den Fettzellen freigesetzt. Glycerin gelangt über das Blut zur Leber und wird von dieser in Zucker umwandelt, der das Gehirn versorgt. Ähnlich wie das Noradrenalin aus den Nervenendigungen wirkt auch Adrenalin, das bei Stress als Hormon aus dem Nebennierenmark freigesetzt wird. Der Gegenspieler von Noradrenalin und Adrenalin ist das Hormon Insulin, das nach dem Essen ansteigt und den Fettzellen das Signal zum Fettaufbau (Lipogenese) gibt.

Immunzellen sind bereits Teil unseres Fettgewebes bevor wir überhaupt geboren wurden und viele von ihnen bleiben ein Leben lang ortsansässig. Es sind vor allem Zellen des unspezifischen, angeborenen Immunsystems, wie Makrophagen. Sie regeln die Blutversorgung und kümmern sich um alte und sterbende Fettzellen. Ist gerade alles o.k. im Fettgewebe, dann liegen sie vereinzelt zwischen den Fettzellen. Ist eine Fettzelle jedoch nicht mehr funktionsfähig und stirbt, versammeln sich viele Immunzellen wie eine Krone um die vergleichsweise riesige Fettzelle. Sie nehmen Teile der Fettzelle in sich auf und bauen sie so Stück für Stück von außen nach innen ab. Das verhindert ein unkontrolliertes Freisetzen von Zellinnereien und dem ganzen Fett, was unweigerlich eine massive Entzündung hervorrufen würde. Die Immunzellen helfen also, das Fettgewebe gesund zu halten, und unterdrücken Entzündungsreaktionen. Werden jedoch zu viele Fettzellen zu schnell zu groß, sodass sie zum Beispiel nicht mehr ausreichend mit Sauerstoff versorgt werden können und absterben, können die ansässigen Immunzellen überfordert sein. Sie rufen dann zirkulierende Immunzellen zu Hilfe und es kommt doch zu einer Entzündung. Durch vermehrte Rekrutierung auch des spezifischen Immunsystems mit T- und B-Lymphozyten organisieren sich die Fettgewebes-Immunzellen in Strukturen, die Lymphknoten ähneln, und halten die Entzündungsreaktion dadurch relativ lokal (Frasca und Blomberg 2019).

1.4 Von Zelllinie, Maus und Mensch – Missverständnisse rund ums Fett

Viele wissenschaftliche Untersuchungen rund ums Fett finden an isolierten Zellen statt. Das hat den Vorteil, dass das untersuchte System nicht so komplex ist und einzelne Entwicklungsstadien getrennt analysiert werden können. Aber natürlich gilt: die Ergebnisse sind nicht direkt auf die Situation im Menschen zu übertragen.

Primäre Zellen werden für jedes Experiment frisch aus Fettgewebe isoliert (s. Abb. 1.3), welches von menschlichen Spendern oder Labortieren stammt.

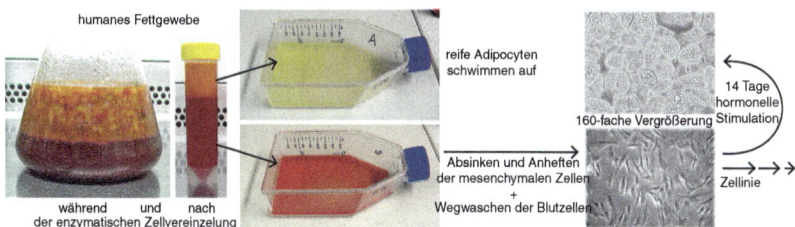

Abb. 1.3 Isolation von Fettzellen und ihren Vorläufern aus Fettgewebe mit anschließender Kultivierung im Labor. (Quelle: eigene Darstellung)

Das Gewebe wird durch enzymatischen Verdau der Bindegewebsfasern in seine einzelnen Zellen zerlegt, gefolgt von der Isolation des gewünschten Zelltyps:

- In der stromal-vaskulären Zellfraktion sind alle Zellen, die noch keine nennenswerte Menge an Fett eingelagert haben. Sie können sich auf dem Boden von Kulturschalen anheften, in geringem Maße vermehrt und dann zu einem gewissen Anteil dazu stimuliert werden, Fetttröpfchen zu bilden. Sie altern allerdings mit jeder Zellteilung und verlieren immer mehr die Fähigkeit, Fett einzulagern.
- Reife Fettzellen sind nach der Vereinzelung der Zellen durch Entfernung der schützenden und stabilisierenden Fasern sehr empfindlich. Durch das eingelagerte Fett schwimmen sie auf und können vorsichtig aus der Zell-Mischung oben abgenommen werden. Reife Fettzellen teilen sich nicht und können daher nicht vermehrt werden.

Zelllinien sind ursprünglich wie die stromal-vaskuläre Fraktion aus Fettgewebe gewonnen worden, zeichnen sich jedoch durch eine ungewöhnliche hohe Teilungsrate aus bei fast gleichbleibender Fähigkeit, auf Wunsch Fett einzulagern. Es handelt sich nicht um klassische Krebszelllinien, aber sie teilen bereits einige Merkmale von diesen.

- murine Zelllinie 3T3-L1 (ATCC® CL-173™):
  Alle weltweit verwendeten Zellen stammen vermutlich aus einer einzigen embryonalen Bindegewebszelle, die vor 1974 aus einem Maus-Embryo isoliert wurden und deren Besonderheit eine in Kultur auslösbare Fetteinlagerung ist (Zebisch et al. 2012).
- humane SGBS-Zelllinie
  Die Zellen wurden 2001 aus einem im Alter von 3 Monaten verstorbenen Säugling mit einer genetischen Erkrankung (Simpson-Golabi-Behmel-Syndrome) gewonnen (Wabitsch et al. 2001). Die Erkrankung führt zu Wucherungen vor allem der verschiedenen Bindegewebsarten und embryonalen Tumoren.

Experimente mit Zelllinien liefern bei jeder Wiederholung sehr ähnliche Ergebnisse. Die quantitative Auswertung zeigt nur kleine Abweichungen und wird gerne für Publikationen angenommen. Man darf jedoch nicht vergessen, dass auch eine 10fache Wiederholung mit einer Zelllinie immer noch nur das Ergebnis aus einem einzigen Tier oder Menschen repräsentiert. Und da die Zellen ja

1.4 Von Zelllinie, Maus und Mensch – Missverständnisse rund ums Fett

schon leicht entartet sind, ist die Übertragbarkeit auf ein lebendes Individuum beschränkt. Grundlegende Prinzipien der Umwandlung von Vorläuferzellen zu frühen Fettzellen lassen sich jedoch gut anhand von Zelllinien erforschen. Egal ob Zelllinie oder primäre Zellen, sie können in Kultur nicht zu reifen Fettzellen mit nur einem Fetttropfen werden. Je mehr Fett sie einlagern, um so kugeliger und leichter werden sie, was zur Ablösung von der Kulturschale und Verlust aus dem Experiment führt. Alle Ergebnisse, die in Zellkultur gewonnen werden, betreffen also nur die ersten frühen Stadien von Fettzellen. Reife Fettzellen mit nur einem Fetttropfen können nur direkt aus dem Gewebe isoliert und für wenige Stunden für Experimente am Leben erhalten werden.

Mäuse und Ratten sind als Wirbeltiere und speziell als Säugetiere uns Menschen recht ähnlich. Ähnlicher auf jeden Fall, als z. B. der Frosch oder die Fruchtfliege. Sie werden auch dick und bekommen Diabetes und Bluthochdruck, wenn sie eine sogenannte „Cafeteria-Diät" (Schokolade, Donuts, und Pommes) fressen dürfen. Trotzdem ist es gerade in Bezug auf das Fettgewebe nicht hilfreich, Mäuse und Menschen einfach gleich zu setzen. Mäuse verlassen sich für den Erhalt ihrer Körpertemperatur z. B. nicht auf eine dicke Schicht Unterhaut-Fettgewebe. Zum einen haben sie ein Fell, vor allem aber betreiben sie auch im Erwachsenenalter aktiv Wärmeproduktion mit ihrem braunen Fettgewebe. Mäuse, die z. B. im Winter dauerhaft bei Temperaturen unter 10 °C leben müssen, können fast ihr gesamtes Fettgewebe „bräunen", und für die Wärmeproduktion umfunktionieren (Cinti 2018). Dafür besitzen ihre Fettzellen einen speziellen Rezeptor für (Kälte-) Stress: den β3-adrenergen Rezeptor. Werden Mäuse, die man mit fettigem Essen dickgefüttert hat, mit einem Aktivator für diesen speziellen Rezeptor behandelt, verpuffen sie Energie als Wärme und werden wieder dünn (Baskin et al. 2018). Wir Menschen dagegen lassen unsere Muskeln zittern, um aktiv Wärme zu produzieren, wenn uns kalt ist. Die Fähigkeit zum Kältezittern entwickelt sich aber erst in den ersten 3 Lebensmonaten (Petroianu und Osswald 2000, S. 144). In dieser kurzen Zeit benötigen auch wir die Heizleistung unseres braunen Fettgewebes. Im Gegensatz zu Mäusen haben wir von Anfang an auch eine dicke Unterhaut-Fettschicht (Babyspeck). Die versorgt nicht nur unser überproportionales Gehirn mit Energie, sondern hilft auch gegen Wärmeverluste (Kuzawa 1998). Die Reste an braunen Fettzellen, die es in einigen erwachsenen Menschen noch gibt, machen einen vernachlässigbaren Anteil des Energieumsatzes aus. So wird ihr Beitrag im maximal aktivierten Zustand auf 80–100 kcal/Tag geschätzt (Ravussin und Galgani 2011; Celi et al. 2010). Wenn wir also eine ganze Stunde lang frieren, verbrauchen wir ca. 4 kcal mehr als ohne frieren. Und der Dauerstress hat nebenbei auch viele negative Effekte, wie z. B. den Anstieg der Blutfette und die Erhöhung des Blutdrucks. Und wer möchte schon stundenlang frieren? Tatsächlich hat der spezifische Aktivator jenes β3-adrenergen Rezeptors, der bei Mäusen so gut wirkt, auch Effekte auf das menschliche braune Fettgewebe. Der Blutdruck und die Blutfette steigen, aber mehr als ca. 4 kcal pro Stunde an zusätzlichem Energieverbrauch sind auch mit dem Medikament nicht zu erreichen (Baskin et al. 2018).

In den meisten Experimenten mit dickgefütterten Mäusen werden diese bei 22 °C Umgebungstemperatur gehalten. Für eine Maus ist das Kältestress. Diese Mäuse bekommen typischerweise einen Diabetes. Menschen dagegen leben normalerweise unter Bedingungen, unter denen sie nicht dauernd frieren. Wenn dicke Mäuse bei 30 °C gehalten werden, wo auch sie nicht frieren, dann werden sie nicht diabetisch, aber jetzt verkalken ihre Gefäße (Atherosklerose) (Tian et al. 2016). Das zeigt, wie wenig wir von Mäusen verstehen, bzw. wie viel wir noch über sie lernen müssen bevor wir sie als Modell für den Menschen verwenden können.

Lokale Adipokine: Informationsaustausch innerhalb des Fettgewebes

2

Bei so vielen verschiedenen Zelltypen und Funktionen innerhalb des Fettgewebes sind die meisten Botenstoffe für die lokale Kommunikation gedacht. Das bedeutet nicht, dass diese Stoffe nicht auch mal über den Blutstrom aus dem Fettgewebe ausgespült werden. Ihre eigentliche Bedeutung haben sie jedoch für die direkte Nachbarschaft.

2.1 Wachstumsfaktoren

Wie schon unter Abschn. 1.2 beschrieben, entwickelt sich das Fettgewebe aus mesenchymalen Stammzellen. Diese Zellen behalten auch im ausgereiften Fettgewebe ihre Bedeutung, indem sie abgestorbene Fettzellen ersetzen und bei Bedarf zusätzliche Zellen für die Fettspeicherung bereitstellen. Der Pool an mesenchymalen Stammzellen wird durch bestimmte Botenstoffe aus der Familie der Wachstumsfaktoren reguliert (s. Abb. 2.1a). Alle Wachstumsfaktoren fördern die Zellteilung, also die Vermehrung der Stammzellen. Der Fibroblasten-Wachstumsfaktor 2 (**FGF2**) wird dabei von den Stammzellen selbst gebildet und ausgeschüttet, kommt dann aber nicht weit und wirkt vermutlich vor allem auf die Zelle zurück, die ihn produziert hat. Mit FGF2 hält sich die Zelle in einem „alles ist möglich"-Zustand, d. h. sie vermehrt sich, kann aber immer noch in alle Zelltypen differenzieren, wenn nötig (Oliva-Olivera et al. 2017). Während FGF2 den Stammzell-Pool erhält, fördern andere Wachstumsfaktoren die Ausreifung zu spezifischen Zelltypen (PDGF → Bindegewebszellen, Activin-A → Knochenzellen, Pref-1 → Knorpelzellen). Der Fibroblasten-Wachstumsfaktor 1 (**FGF1**) rekrutiert neue Fettzellen. Die genaue Mischung entscheidet darüber, wie viele Zellen bei Bedarf wirklich rekrutiert werden können, um Fett einzulagern und die

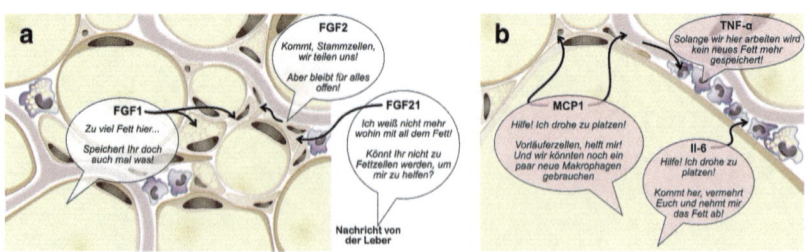

Abb. 2.1 Fettgewebe mit kleinen, funktionsfähigen Fettzellen (**a**) und solches mit übergroßen Fettzellen (**b**) mit den typischen Wachstumsfaktoren und Cytokinen. (Quelle: eigene Darstellung)

schon vorhandenen Fettzellen zu unterstützen. FGF1 wird von reifen Fettzellen ausgeschüttet und führt dazu, dass sich die benachbarten mesenchymalen Stammzellen zu einer Zukunft als Fettzelle bekennen. Obwohl sie sich immer noch vermehren und aussehen wie Stammzellen, sind sie nun auf das Speichern von Fett festgelegt. Fettzellen rufen mit FGF1 quasi um Hilfe, wenn ihre eigene Speicherkapazität an die Grenzen kommt. Mäuse, denen genetisch die Fähigkeit zu diesem Hilferuf genommen wurde, können relativ normal leben, solange sie nur mageres Standardfutter erhalten. Sobald sie aber an fettreiches Essen gelangen, kann ihr Fettgewebe diese zusätzlichen Fette nicht mehr speichern und sie werden quasi sofort zu Diabetikern mit Fettleber (Jonker et al. 2012).

Apropos Fettleber: Wenn das Unterhaut-Fettgewebe nicht richtig funktioniert, dann leidet meist die Leber als erste darunter. So ist es nicht erstaunlich, dass die Leber einen eigenen Botenstoff (Leber-Hormon = Hepatokin) ausschüttet, wenn es ihr zu viel wird mit der Kalorienzufuhr. Es handelt sich um den Fibroblasten-Wachstumsfaktor 21 (**FGF21**). Der gelangt über den Blutstrom zum Unterhaut-Fettgewebe und wirkt dort exakt so, wie auch FGF1. Neue Fettzellen werden rekrutiert und kümmern sich um das Problem. Die schon vorhandenen Fettzellen werden so nicht überstrapaziert und die Leber kann ihre eigentlichen Aufgaben ungestört weiterverfolgen. Das pharmazeutische Unternehmen Pfizer hat erste vielversprechende Ergebnisse mit synthetischen FGF21-Analoga veröffentlicht (Talukdar et al. 2016) und arbeitet seither mit Hochdruck an einem marktreifen Medikament. Bisherige Ergebnisse lassen darauf hoffen, dass FGF21-Analoga die Umverteilung von Fett aus überlasteten Fettzellen und anderen Organen in neue, kleine Unterhaut-Fettzellen fördern und so Krankheiten wie Diabetes Typ II und Leberverfettung entgegenwirken. Vorläufige Ergebnisse lassen sogar hoffen, dass die Behandlung vielleicht die freiwillige Kalorienzufuhr reduziert und daher beim Abnehmen helfen könnte.

2.2 Cytokine, Botenstoffe des Immunsystems

Das Immunsystem schützt uns nicht nur vor Eindringlingen (Viren, Bakterien und anderen Krankheitserregern), sondern hilft auch beim Aufräumen im ganz normalen Lebensalltag unserer Zellen und Gewebe. Alte, entartete oder nicht mehr benötigte Zellen werden genauso beseitigt, wie beschädigte Proteine außerhalb der Zellen. Diese Funktion ist im Fettgewebe besonders auffällig, da Fettzellen so riesig sind (siehe auch unter Abschn. 1.3). Die kleinen löslichen Botenstoffe, mit denen sich Immunzellen untereinander absprechen, heißen Cytokine. Auch andere Zellen, wie Fettzellen und ihre Vorläufer, können über Cytokine kommunizieren und Immunzellen zu Hilfe rufen (s. Abb. 2.1b). Cytokine werden oft pauschal in pro- und anti-entzündliche Gruppen eingeteilt. Dabei gelten pro-entzündliche Cytokine fälschlicherweise pauschal als „böse", weil ihre Blutspiegel bei chronischen Erkrankungen wie Diabetes und Atherosklerose erhöht sind. Das Fettgewebe nutzt Cytokine vor allem lokal, um gesund zu bleiben. Versetzen wir uns in eine Fettzelle, die an den Rand ihrer Speicherkapazität angekommen ist: Der Fetttropfen im Inneren ist übermächtig und droht, instabil zu werden. Zusätzlich bekommt sie kaum noch Sauerstoff, weil allein durch ihre Größe das nächste Blutgefäß zu weit entfernt ist. Eine weitere Fettspeicherung würde die Zelle nicht überleben. Solche Fettzellen setzen nun drei Prozesse in Gang: 1) Sie werden „taub" gegenüber Signalen von außen, die sie zu noch mehr Fettspeicherung anregen sollen. Insulin – das wichtigste Hormon zur Fettspeicherung – wirkt nicht mehr: Sie werden Insulin-resistent. 2) Sie senden Botenstoffe aus, die benachbarte Zellen zur Fettspeicherung aufrufen. In unserem Fall sind das Fettzell-Vorläufer und Makrophagen. 3) Sie kündigen schon einmal ihren drohenden Untergang an, sodass die Makrophagen, die bisher inaktiv im Gewebe verstreut herumliegen, zu der Fettzelle wandern, sich vermehren und sich wie einen Schutzwall um die Fettzelle legen. Cytokine spielen bei diesen drei Vorgängen eine wichtige Rolle: Das Interleukin-6 (**Il-6**) ruft benachbarte Makrophagen zur Übernahme von Fett und evtl. zum Auffressen der gesamten Fettzelle herbei (Braune et al. 2017). Das Monozyten-Chemisches Lockstoff-Protein-1 (**MCP1**) stimuliert benachbarte Vorläuferzellen, nun auch zu Fettzellen zu werden und Fett einzulagern (Ferland-McCollough et al. 2018). Il-6 und MCP1 gelangen dabei jedoch auch aus dem Fettgewebe in den Blutkreislauf. Je mehr Fettzellen also an ihre Grenzen gelangen, umso mehr dieser Cytokine erscheinen im Blut. Il-6 bewirkt als Hormon nun eine Anregung des Stoffwechsels: es steigert unter anderem die Wirkung von Leptin (siehe unter Abschn. 3.1) und erleichtert die Aufnahme und Verwertung von Fett und Zucker in Muskeln

(Allen und Febbraio 2010). MCP1 bleibt seinem Namen treu und lockt Monozyten in das Fettgewebe. Monozyten sind die Vorläuferzellen der Makrophagen. Die neuen Makrophagen sind aggressiver als die alteingesessenen. Sie stimulieren eine echte Entzündungsreaktion im Fettgewebe und sezernieren ihrerseits pro-entzündliche Cytokine, wie den Tumor-Nekrose-Faktor-α (**TNF-α**). TNF-α verstärkt die Insulin-Resistenz und steigert die Fettabgabe von Fettzellen. Außerdem hemmt es die Entstehung neuer Fettzellen. Man kann sich TNF-α als Bremse vorstellen, die eine unkontrollierte Zunahme der Fettgewebsmasse verhindert. So steht die Insulin-Resistenz der Fettzellen am Anfang und am Ende des Prozesses (Shimobayashi et al. 2018). Da TNF-α zwar das bestehende Problem für die Fettzellen verstärk, aber nicht dessen Ursache ist, ist es nicht verwunderlich, dass Anti-TNF-α-Therapien bei Menschen mit Adipositas und Insulin-Resistenz bisher kaum Effekte gezeigt haben. Allerdings kommt es zu einer leichten Vergrößerung der Fettmasse mit verbesserter Funktionalität. Dieser geringe positive Effekt steht aber einem hohen Risiko gegenüber: Unser Immunsystem kämpft vor allem gegen Infektionen und Krebs und mit einer solchen Anti-TNF-α-Therapie nehmen wir ihm eine seiner wichtigsten Kommunikationsmöglichkeiten. Dauerhafte, hochdosierte Anti-TNF-α-Therapien sind daher mit einem erhöhten Risiko an schweren Infektionen und Krebserkrankungen verbunden (Peluso und Palmery 2016).

2.3 Lipide als Botenstoffe

Fettzellen speichern Lipide als neutrale Öle und geben sie bei Bedarf als **Fettsäuren** wieder ab. Die meisten Fettsäuren werden über den Blutstrom zu anderen Organen und Zellen transportiert, wo sie als Energiequelle dienen. Fettsäuren selbst und aus ihnen aufgebaute spezielle Moleküle übertragen jedoch auch Botschaften. Ein starker Fettabbau, wie er bei Nahrungsmangel vorkommt, zeigt sich für alle anderen Zellen weithin sichtbar in einem Anstieg an freien Fettsäuren. Während z. B. der Blutzuckerspiegel während einer Hungerperiode relativ konstant gehalten wird, steigen die Konzentrationen an freien Fettsäuren um ein Vielfaches. Da Fettsäuren quasi unlöslich sind in Wasser, müssen sie an Proteine gebunden im Blut transportiert werden. Um zu verhindern, dass die Transportkapazität überschritten wird, dienen lokale Makrophagen im Fettgewebe als Zwischenspeicher. Wichtig für ein harmonisches Zusammenspiel von Fettzellen und Makrophagen ist dabei die Zusammensetzung der freigesetzten Fettsäuren. Bei einer Mischung aus gesättigten und ungesättigten Fettsäuren (egal

2.3 Lipide als Botenstoffe

ob einfach- oder mehrfach ungesättigt, egal ob ω-9, -6- oder -3) funktioniert die Zusammenarbeit. Wenn nur oder überwiegend gesättigte Fettsäuren abgegeben werden, dann reagieren die Makrophagen, als wäre ein Krankheitserreger in der Nähe, und initiieren eine fulminante Entzündungsreaktion (Caspar-Bauguil et al. 2015). Und damit haben die Makrophagen gar nicht so unrecht: natürlicherweise kommen gesättigte Fettsäuren nie alleine vor. In den Fettzellen gespeichert werden vor allem die Fettsäuren, die wir mit der Nahrung aufnehmen. Und Nahrungsfette enthalten eigentlich immer einen ausreichend großen Anteil an ungesättigten Fettsäuren, Schweineschmalz z. B. ca. 60 % (DEBInet). Nur wer sich ausschließlich von Kokosfett mit über 85 % gesättigten Fettsäuren ernährt hätte hier ein Problem.

Wichtiger ist die genaue Zusammensetzung von Fettsäuren bei der Synthese spezifischer Lipid-Botenstoffe wie der Prostaglandine oder Endocannabinoide. Beides sind lokale Botenstoffe, die normalerweise nur benachbarte Zellen erreichen. Für ihre Herstellung benötigt die Fettzelle ganz spezielle Fettsäuren, wie z. B. die mehrfach ungesättigte ω-6-Fettsäure **Arachidonsäure**. Alle klassischen **Prostaglandine** entstehen aus Arachidonsäure durch das Enzym Cyclooxygenase (COX). Das ist das Enzym, das durch das bekannte Schmerzmittel Acetylsalicylsäure (ACC) gehemmt wird. Nach dem Cyclooxygenase-Schritt trennen sich die Wege und es können verschieden Prostaglandine entstehen, die gegensätzliche Effekte auf Vorläuferzellen und Fettzellen haben. Am besten untersucht ist **Prostacyclin** (PGI_2), das die Umwandlung von Vorläuferzellen in Fettzellen fördert und das währenddessen von eben diesen aktivierten Vorläuferzellen selbst sezerniert wird. So könnte man Prostacyclin als „Kommt – macht alle mit!" Aufruf verstehen, der die gleichzeitige Verfettung vieler Vorläufer koordiniert (Rahman 2018). Neben den klassischen Prostaglandinen gibt es jedoch noch eine Vielzahl weiterer Signalmoleküle aus diversen ungesättigten Fettsäuren, die in ihrer Gesamtheit „Oxylipine" genannt werden. Jedes dieser Oxylipine hat mehrere Rezeptoren und kann unterschiedlichste Wirkungen auf die Zielzellen haben. Die Kombinatorik an möglichen Effekten ist überwältigend. Insgesamt scheint jedoch der Haupteffekt eine Steigerung der Fettgewebsmasse zu sein, sowohl über die Neubildung von Fettzellen als auch über die Hemmung der Fettabgabe schon bestehender Fettzellen (Barquissau et al. 2017). Auch die **Endocannabinoide** entstehen aus Arachidonsäure lokal im Fettgewebe. Im Gegensatz zu den Oxylipinen gibt es nur zwei bisher bekannte Endocannabinoide. Beide steigern die Fettspeicherung in bereits existierenden Fettzellen. Da keine Vorläuferzellen zu Hilfe gerufen werden, wie bei den Oxylipinen, verschlimmern Endocannabinoide die Situation für bereits übergroße Fettzellen. Sie haben deshalb in Bezug auf das Fettgewebe einen schlechten Ruf. Die Abgabe der Endocannabinoide aus Fettzellen wird durch Noradrenalin aus den sympathischen Nervenendigungen oder

Adrenalin aus dem Blut gesteigert (van Eenige et al. 2018). Es dauert aber eine ganze Weile, bis nach einem (Nor-)Adrenalin-Schub wirklich Endocannabinoide erscheinen. Sie werden nämlich nicht aus vorgefertigten Speichern freigesetzt, sondern müssen immer komplett neu synthetisiert werden. Damit bremst das Endocannabinoid-System im Fettgewebe eine überschießende Lipolyse bei chronischem Stress, erlaubt aber eine schnelle Fettfreisetzung im akuten Notfall.

2.4 Angiotensine, Blutdruck-Regulation und mehr

Angiotensinogen ist ein relativ großes Protein, das als Vorläufer für eine ganze Reihe von kleinen Botenstoffen dient. Von ihm wird zuerst durch das Enzym Renin ein 10er-Bruchstück abgeschnitten: Angiotensin I. Dieses kann dann vom „Angiotensin-Converting-Enzyme" (ACE) zu einem 8er-Bruchstück gekürzt werden, dem **Angiotensin II,** welches als erster Botenstoff wirkt. Angiotensin II kann weiter gekürzt werden, sodass andere Botenstoffe gebildet werden. Da Angiotensin II schon über zwei verschiedene Rezeptoren wirken kann und auch die anderen Bruchstücke eigene Rezeptoren haben, ist die Komplexität des Systems kaum überschaubar. Das meiste Angiotensinogen stammt aus der Leber, das meiste Renin aus der Niere. ACE kommt eigentlich in allen Blutgefäßen im Körper vor. Angiotensin II wird also im Blutstrom aus diesen Proteinen zurechtgeschnitten. Angiotensin II ist ein starker Vasokonstriktor, führt also zu einer Verengung von Blutgefäßen und so zu einer verminderten Durchblutung im betroffenen Gewebe. Insgesamt sorgt es so für einen ausreichend hohen Blutdruck und über Effekte in der Niere und die Steigerung des Durstgefühls auch für genug Wasser im Körper. Sinkt der Blutdruck ab, wird mehr Renin von der Niere ausgeschüttet und dadurch mehr Angiotensin II produziert. Angiotensin II selbst wiederum hemmt die Ausschüttung von Renin.

Angiotensinogen und alle anderen Komponenten des Systems werden jedoch auch unabhängig von der Leber im menschlichen Fettgewebe und auch in den Fettzellen selbst hergestellt. Die Bildung von Renin ist zwar kaum nachweisbar, aber die Zellen können über einen speziellen Rezeptor das Nieren-Renin aus dem Blut fischen und für ihre Zwecke nutzen (s. Abb. 2.2). So können menschliche Fettzellen lokal im Gewebe **Angiotensin II** herstellen (Schling und Schäfer 2002). Dort kann es, wie auch im gesamten Körper, den Blutfluss regulieren. Es hat aber auch Effekte auf die Fettzellen und ihre Vorläufer. Diese haben auf ihrer Oberfläche die beiden Rezeptoren für Angiotensin II, deren Verhältnis sich im Laufe der Umwandlung von Stammzellen zu Fettzell-Vorläufern zu Fettzellen ändert (Schling 2002; Sysoeva et al. 2017). So kann Angiotensin II je nach

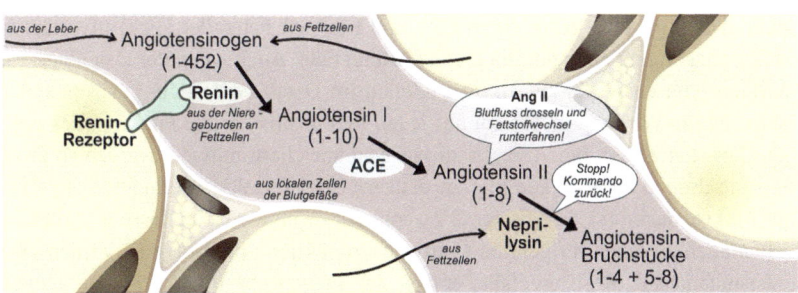

Abb. 2.2 Das Renin-Angiotensin-System des Fettgewebes. (Quelle: eigene Darstellung)

Milieu die Fettzellbildung fördern oder hemmen und ebenso die Fettspeicherung von vorhandenen Fettzellen herauf- oder herunterregulieren. In den letzten Jahren wird den kleineren Angiotensinen aus nur sieben Bausteinen sehr viel Aufmerksamkeit geschenkt, weil sie wohl die Gegenspieler des 8er-Bruchstücks Angiotensin II sind. Im menschlichen Fettgewebe selbst spielen sie aber evtl. gar keine große Rolle, da die Fettzellen Angiotensin II mit dem Enzym Neprilysin direkt in der Mitte, also in zwei 4er Bruchstücke zerschneiden (Schling und Schäfer 2002). Eine erhöhte Aktivität des Systems im ganzen Körper oder auch nur im Fettgewebe ist für die großen Fettzellen auf jeden Fall schädlich, da es ihre Versorgung mit Sauerstoff und auch den Abtransport von Fettsäuren behindert. Medikamente, die die Bildung von Angiotensin II vermindern, führen daher im Wesentlichen zu einer besseren Blutversorgung und damit zu einem funktionell gesünderen Fettgewebe.

2.5 Östrogen

Fettzell-Vorläuferzellen können über ein Enzym namens Aromatase aus dem männlichen Geschlechtshormon Testosteron das weibliche Östrogen herstellen. Die lokale Produktion im Fettgewebe ist unabhängig vom weiblichen Zyklus und sorgt in Frauen nach der Menopause und Männern für lokal deutlich höhere Östrogen-Konzentrationen als im Blut (Hetemäki et al. 2017). Die Aromatase und damit auch die Östrogenproduktion im Fettgewebe wird durch Stress heraufreguliert: einmal durch lokalen Stress bei Platzmangel und Sauerstoffmangel, wie er bei einer zu schnellen Vergrößerung der Fettzellen auftritt (Ghosh et al. 2010; Gérard und Brown 2018), zum anderen durch Cortisol aus der Nebennierenrinde, das bei generalisiertem Stress vermehrt ausgeschüttet wird. Östrogen wirkt lokal über seine zwei Rezeptoren ERα und ERβ auf Fettzellen, Fettzellvorläufer, Makrophagen und auch auf die lokalen Blutgefäße. Auch wenn die Datenlage zur Wirkung von Östrogen auf all diese Zellen im Detail noch nicht gut verstanden ist, so ist die Wirkung insgesamt auf jeden Fall positiv für die Funktion des Fettgewebes: Fettzellen, die zu rasch zu viel Fett speichern müssen, werden so groß, dass sie drohen zu ersticken und zu platzen. Über Cytokine alarmieren sie nicht nur Makrophagen (siehe Abschn. 2.2), sondern regen die benachbarten Vorläuferzellen auch zu einer vermehrten Östrogen-Produktion an. Östrogene wirken akut entspannend auf die Blutgefäße, sodass das Fettgewebe im gestressten Bereich besser durchblutet wird. Auf Dauer fördern sie auch die Stabilität und Ausbildung neuer Blutgefäße. Außerdem wirkt Östrogen „beruhigend" auf die Makrophagen, die so keine überschießende Entzündungsreaktion hervorrufen (Trenti et al. 2018). Die Wirkung von Östrogen auf Fettzellen und ihre Vorläufer ist im Detail noch unverstanden, fördert aber die gesunde Flexibilität und hormonelle Empfindlichkeit des Gewebes. Dadurch sinken netto die freien Fettsäuren im Blut. All diese positiven Effekte des Östrogens scheinen durch den Rezeptor ERα vermittelt zu werden (Kim et al. 2014). Hat der Körper nun aber Stress und der Cortisol-Spiegel steigt, dann wechseln die Zellen zu vermehrt ERβ, der die Signale von ERα vermindert oder sogar umdreht. Die Fettzellen werden unempfindlich gegenüber Insulin und setzen mehr Fettsäuren frei, damit der Körper Energie für die zu bekämpfenden Gefahren hat (Kamble et al. 2019).

Hormone des Fettgewebes: Was nach außen dringt 3

Das Fettgewebe ist pro Zelle ähnlich gut durchblutet wie der Skelettmuskel. Lokale Botenstoffe werden daher auch immer ein wenig aus dem Gewebe in den Kreislauf mit ausgeschwemmt. Bei den meisten der unter Punkt 2 diskutierten Botenstoffe ist dies vermutlich unbeabsichtigt und kann zu Ärger führen. Menschen mit sehr viel Fettgewebe haben in ihrem Blutkreislauf z. B. häufig mehr pro-entzündliche Cytokine und damit eine niedrig-gradige chronische Entzündung im gesamten Körper. Das kann andere entzündliche Prozesse anfeuern, wie die Gefäßverkalkung (Atherosklerose). Auch erhöhte Mengen an Angiotensinogen sind bei manchen fettleibigen Personen im Blut messbar, sodass vielleicht das lokale System im Fettgewebe einen zu hohen Blutdruck mit verursacht. Da die Fettzellen jedoch auch helfen, Angiotensin II abzubauen, ist der Einfluss des Fettgewebes hier nicht unbedingt negativ. Bei Männern stammt der Großteil der zirkulierenden Östrogene aus dem Fettgewebe und je nach Fettgewebsmenge kann die Aromatase-Aktivität dort sogar einen Testosteron-Mangel verursachen.

Im Gegensatz zu diesen überschwappenden lokalen Botenstoffen gibt es auch einige wenige echte Hormone aus dem Fettgewebe – also Botenstoffe, die vom Fettgewebe in den Blutkreislauf abgegeben werden, um andere Organe zu erreichen und diese zu beeinflussen. Die bedeutsamsten sind Leptin und Adiponectin.

3.1 Leptin

Leptin ist das erste Hormon aus dem Fettgewebe, das entdeckt wurde. Mäuse, die durch eine spontane Mutation kein funktionsfähiges Leptin mehr produzieren konnten, fielen durch massives Übergewicht auf. Sie bewegten sich deutlich weniger als ihre gesunden Geschwister und fraßen andauernd. Wenn diesen Mäusen dann Leptin gespritzt wird, werden sie wieder dünn und mobil. Deswegen der Name: er stammt vom griechischen leptos = dünn. Leptin sieht dem Cytokin Il-6 sehr ähnlich und auch sein Rezeptor ist ein klassischer Cytokin-Rezeptor. Vermutlich ist in der Evolution hier ein bestehendes Botenstoffsystem kopiert und dann zweckentfremdet worden.

Leptin wird von Fettzellen synthetisiert und fortwährend ausgeschüttet. Synthese und Abgabe steigen proportional mit der Größe der Fettzelle an (Jernås et al. 2006): je mehr Fett also eine Fettzelle eingelagert hat, umso mehr Leptin produziert sie (s. Abb. 3.1b). Es gibt Hinweise, dass die Synthese im Unterhaut-Fettgewebe höher ist als die im Eingeweide-Fett (Zha et al. 2009). Dieser Unterschied könnte jedoch auch durch die im Mittel größeren Fettzellen im Unterhaut-Fettgewebe verursacht sein. Wieviel Leptin im Blut zirkuliert, hängt letztlich also von der Menge an Körperfett und der Größe der Adipocyten ab: Fettleibige Personen haben höhere Leptin- Spiegel als schlanke Individuen und Frauen haben höhere Spiegel, unter anderem weil sie prozentual mehr Körperfett und bei diesem einen höheren Anteil an Unterhaut-Fettgewebe besitzen. Zusätzlich zu dieser langfristigen Regulation schwanken die Leptin-Spiegel im Blut auch abhängig vom Tagesrhythmus. Die Werten sind am Morgen eher niedrig, steigen über den Tag langsam an bis zu einem Maximum in der zweiten Nachthälfte, um kurz vor dem Aufstehen wieder abzufallen. Der Tagesrhythmus scheint nicht von unserer „inneren Uhr" angetrieben zu werden, sondern von der Anzahl und zeitliche Abfolge der aufgenommenen Mahlzeiten (Saad et al. 1998).

Leptin wirkt hauptsächlich im Gehirn, genauer: im Hypothalamus. Dort führt Leptin zu einer verminderten Produktion von neuronalen Botenstoffen, welche die Nahrungsaufnahme stimulieren, und zu einer vermehrten Produktion solcher,

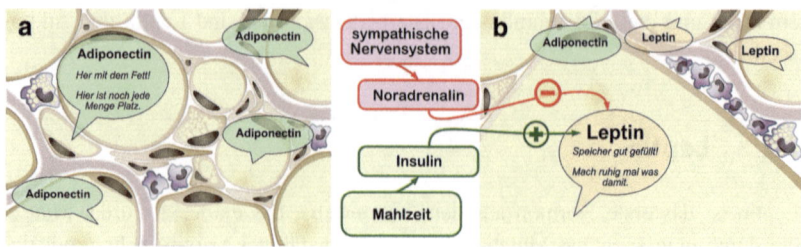

Abb. 3.1 Fettgewebe mit kleinen, funktionsfähigen Fettzellen (**a**) schüttet vor allem Adiponectin aus, solches mit übergroßen Fettzellen (**b**) bildet besonders viel Leptin. (Quelle: eigene Darstellung)

die die Nahrungsaufnahme hemmen. Über Leptin-Rezeptoren und Projektionen in andere Hirnareale werden weitere Funktionen von Leptin gesteuert, z. B. Motivation, Belohnung, Energieverbrauch oder -Einsparung. Leptin ist also ein Signal, das die Füllung unserer Fettspeicher an das Gehirn meldet. Wenn die Fettreserven ausreichen, dann wird im Gehirn durch Leptin vieles freigeschaltet, was nicht akut zum Überleben benötigt wird, aber Energie kostet, z. B. die Fortpflanzung. Sind die Leptinspiegel zu niedrig, stoppt z. B. der weibliche Zyklus. Auch das sympathische Nervensystem, das viele energieverbrauchende Prozesse antreibt, wird durch Leptin hochgefahren. Fallende Leptin-Spiegel im Blut (und damit im Hypothalamus) lösen ein starkes Hungersignal aus: Das Bedürfnis, Nahrung zu suchen und zu konsumieren wird übermächtig. Daneben wird über ein Absenken der Aktivität des Sympathikus auch der Blutdruck und die Körpertemperatur gesenkt und wir bewegen uns so wenig wie möglich. Haben wir genug Nahrung aufgenommen und das Fettgewebe wieder aufgefüllt, wird der Leptin-Spiegel wieder auf den Ursprungswert erhöht und das Hungersignal beendet. Für die Behauptung, dass darüber hinaus steigende Leptin-Spiegel ein Sättigungssignal seien und vor Fettleibigkeit schützen würden, gibt es bisher keine experimentellen Belege. Auch wenn das Hungergefühl weg ist, macht Leptin nicht papp-satt. Auch mit hohem Leptin-Spiegel kann uns ein Stück Kuchen oder eine Portion Pommes noch gut schmecken. Daher ist die Behauptung, dass fettleibigen Personen eine „Leptin-Resistenz" hätten, vermutlich irreführend. Leptin erlaubt dem Gehirn einfach, auch mal an etwas Anderes zu denken, als nur ans Essen.

Wie jedes Hormonsystem unterliegt auch Leptin einer regulierenden Rückkopplungsschleife: Noradrenalin aus den sympathischen Nervenendigungen im Fettgewebe wirkt nicht nur als Signal für mehr Fettabbau, sondern senkt auch die Leptin-Abgabe der Fettzellen (s. Abb. 3.1b). Da Leptin das sympathische Nervensystem stimuliert, senkt es seine eigene Ausschüttung (Zeng et al. 2015). Die wissenschaftlichen Untersuchungen zu dieser Regelschleife fanden v. a. an Mäusen und Ratten statt. Es gibt jedoch Hinweise darauf, dass auch in uns Menschen eine solche Regelschleife aktiv ist. So haben Menschen mit Querschnittslähmung einen für ihr Körpergewicht viel zu hohen Leptin-Spiegel im Blut. Hier kann das Signal des sympathischen Nervensystems durch die Rückenmarksverletzung nicht bis zum Fettgewebe weitergeleitet werden, welches nun also ungebremst Leptin ausschüttet (Caron et al. 2018). Wird (experimentell in Mäusen) bei nur einem Fettgewebe-Depot die Nervenanbindung gekappt, dann vergrößert sich dieses Depot und schüttet viel Leptin aus, während alle anderen Depots kleiner werden (Huang et al. 2019).

Während Leptin eine gewisse Grundaktivität in diesem sympathischen Nervensystem aufrechterhält, gibt es natürlich viel kräftigere Ausschläge, wenn unser Körper sich bedroht fühlt, z. B. bei Nahrungsmangel, Kälte oder bei körperlicher oder psychischer Bedrohung durch andere. In diesen Situationen wird im Fettgewebe die Leptin-Ausschüttung fast halbiert: Es soll keine Energie verschwendet werden.

3.2 Adiponectin

Adiponectin ist ein Hormon, das fast ausschließlich und in großen Mengen von reifen Fettzellen aus dem Unterhaut-Fettgewebe ausgeschüttet wird. Seine Konzentrationen im Blut-Serum sind viel höher als die von anderen Hormonen und bewegen sich Bereich 5–30 µg/ml. Das ist etwa 1000-fach mehr als die Konzentrationen von z. B. Insulin oder Leptin. Damit macht Adiponectin einen substanziellen Anteil (0,01–0,05 %) des gesamten Proteins im Serum aus. Adiponectin sieht aus wie ein Zusammenschnitt aus Kollagen, dem wichtigsten Strukturprotein des Bindegewebes, und einem Protein aus dem Immunsystem (Komplementfaktor C1q). Wie beim Kollagen muss das Protein noch mit Hydroyl-Gruppen und Zuckerketten bestückt werden, drei der Ketten müssen sich aneinanderlagern und dann müssen diese Trimere auch noch zu noch größeren Multimeren verknüpft werden. Das ist für die Fettzellen ein hoher Aufwand, der nur von gesunden, ausreichend mit Sauerstoff versorgten Fettzellen zu leisten ist (Fang und Judd 2018). Übergroße Fettzellen, die schon drohen zu platzen und zu ersticken, können kaum noch so viel Adiponectin bilden und ausschütten (s. Abb. 3.1). Daher ergibt sich die paradoxe Situation, dass dieses Hormon aus dem Fettgewebe bei Personen mit massiv gesteigerter Fettleibigkeit oft geringer konzentriert ist, als bei schlankeren oder sogar untergewichtigen Personen. Es sind nämlich gerade die kleinen Fettzellen, die besonders viel Adiponectin produzieren. Personen mit einem Mangel an Unterhaut-Fettgewebe – also ohne Unterhaut-Fettzellen – haben allerdings zu wenig Adiponectin im Blut. Andere Fettgewebe, wie das im Eingeweidesack, können auch Adiponectin beisteuern, liefern aber geschätzt nicht mehr als 20 % der normalen Gesamtmenge (Meyer et al. 2013).

Adiponectin wirkt über zwei verschiedene Rezeptoren auf viele Zellen im und außerhalb des Fettgewebes. In den Zellen der Bauchspeicheldrüse, die Insulin herstellen, fördert es die Ausschüttung von Insulin und in den Geweben, die auf Insulin reagieren, verstärkt es die Wirkung von Insulin: die Leber gibt weniger Zucker ins Blut ab, der Skelettmuskel nimmt mehr Zucker aus dem Blut auf. Im Fettgewebe führt Adiponectin zu einer vorteilhaften Vergrößerung des

3.2 Adiponectin

Unterhaut-Fettgewebes durch Bildung neuer, kleiner Fettzellen, die effizient überschüssige Fette speichern und andere Gewebe entlasten. Außerdem wirkt Adiponectin ähnlich auf die Makrophagen, wie das Östrogen. Es vermindert also Entzündungen. Im Gehirn hat Adiponectin widersprüchliche Wirkungen: es kann auch hier das Sättigungssignal von Insulin verstärken, also wird das Hungergefühl unterdrückt und Signale für mehr Energieverbrauch werden gesteigert. Ohne Insulin – zumindest bei hungernden Mäusen – kann Adiponectin jedoch auch den Hunger steigern und den Energieverbrauch drosseln.

Adiponectin wird häufig auch als „Hungerhormon" bezeichnet. In Mäusen steigt der Blut-Spiegel an, wenn die Mäuse zu wenig zu essen bekommen und Personen mit Anorexia Nervosa haben leicht höhere Adiponectin-Werte als Normalgewichtige. Wieso ein Hungerhormon jedoch die Speicherung von Zucker und Fett in Leber, Muskel und Fettgewebe fördern sollte, statt Energie z. B. für das Gehirn zur Verfügung zu stellen, bleibt ein Rätsel. Die Lösung: Adiponectin scheint bei normalgewichtigen Menschen kein Hungerhormon zu sein. Die Adiponectin-Konzentrationen im Blut sinken sogar leicht während eines mehrtägigen Fastens (Fazeli et al. 2015). Adiponectin ist also kein Hungerhormon, aber es zeigt an, dass das Unterhaut-Fettgewebe noch oder wieder bereit ist, mehr Fett aufzunehmen. Meist haben schlanke Menschen mehr Fett-Aufnahmekapazität, als fettleibige. Es gibt aber auch Ausnahmen: Typisches Beispiel sind mit HIV infizierte Menschen, die viele Jahre erfolgreich mit einer antiviralen Therapie behandelt wurden. Eine unerwünschte Nebenwirkung dieser Therapie ist der Verlust des Unterhaut-Fettgewebes. Patienten sehen also schlank aus, haben aber niedrige Adiponectin-Werte und große Stoffwechselprobleme. Umgekehrt gibt es auch Stoffwechsel-gesunde fettleibige Menschen mit normalen (hohen) Adiponectin-Spiegeln. Bei ihnen ist das Unterhaut-Fettgewebe trotz seiner Masse immer noch flexibel und bereit, mehr Fett zu speichern (s. Abb. 4.1).

Adiponectin senkt also die Blutfette und den Blutzuckerspiegel und wirkt zusätzlich anti-entzündlich. Im Kontext von andauerndem Kalorienüberschuss und Fettleibigkeit scheint Adiponectin der Segensbringer schlechthin. Leider lässt sich Adiponectin kaum als Medikament herstellen, da es so komplex aufgebaut ist. Derzeit wird daher an kleinen Molekülen geforscht, die eine vergleichbare Wirkung wie Adiponectin an seinen Rezeptoren ausüben. Zu erwarten wären eine Verbesserung der Wirkung von Insulin (also ein anti-diabetischer Effekt), ein Absenken der Blutfette und der Entzündungswerte (also der Erhalt gesunder Gefäße) und ein Anstieg der Fettmasse, vor allem im Unterhaut-Bereich, wenn der Kalorienüberschuss bestehen bleibt.

Freie Fettsäuren – die Wurzel allen Übels? Warum uns ein Leben im Schlaraffenland nicht gut tut

Fettsäuren sind für die allermeisten Zellen und Organe in unserem Körper eine beliebte Energiequelle. Sie liefern bei der Verbrennung mit Sauerstoff (Zellatmung) ungleich mehr Energieäquivalente als z. B. Zucker. Fettsäuren sind amphiphil. Das heißt, sie haben einen fettliebenden und einen wasserliebenden Anteil. Solche Moleküle nennt man auch Detergentien. Sie können neutrale Fette emulgieren und Membranen auflösen. Diese Eigenschaften, die beim Geschirrspülen durchaus gefragt sind, schädigen in unserem Körper vor allem die zellulären Membranen. Fettsäuren werden daher im Körper meist in gebundener Form transportiert und gespeichert: als neutrale Speicherfette. Um jedoch in Zellen aufgenommen zu werden, müssen diese Speicherfette wieder in Fettsäuren zerlegt werden. Dies geschieht lokal in den Blutgefäßen der Organe, die Fette aufnehmen wollen. Fettzellen speichern das meiste Fett im Körper und geben diese bei Bedarf (Stress, körperliche Aktivität, Hunger) wieder ab – allerdings nicht als neutrales Speicherfett, sondern als freie Fettsäuren. Diese binden im Blut an ein Transportprotein, sodass sie vor allem in den Gefäßen keine Zellschäden verursachen, wenn sie im Blut unterwegs sind. Solange die Fettzellen nicht mehr Fettsäuren abgeben, als an anderer Stelle aufgenommen werden können, ist alles in Ordnung.

4.1 Freie Fettsäuren als Bindeglied zwischen Überernährung und Diabetes

Kommt es zu einer stärkeren Abgabe von Fettsäuren aus dem Fettgewebe als in anderen Organen gebraucht wird, steigt die Menge an freien Fettsäuren im Blut an. Dies ist das Bindeglied zwischen Überernährung und Diabetes Typ II (s. Abb. 4.1). Und so funktioniert es:

Nur das Fettgewebe, bzw. die Fettzellen, geben freie Fettsäuren an das Blut ab. Normalerweise tun sie dies immer dann, wenn Hormone und Nerven sie dazu anregen. Insulin ist das Hormon, das eine Fettspeicherung bewirkt, während Adrenalin und Noradrenalin die Abgabe stimulieren. Niedrige Insulin und hohe (Nor-)Adrenalin-Spiegel gibt es bei körperlicher Aktivität, Hunger und anderen Formen des Stresses. Während bei körperlicher Aktivität die freigesetzten Fettsäuren umgehend im Skelettmuskel aufgenommen und verstoffwechselt werden, geschieht dies bei Hunger nicht in gleichem Maße. Haben wir also schon viele Stunden keine Nahrung mehr aufgenommen, steigt der Spiegel an freien Fettsäuren im Blut an. In einer solchen Situation sollen die Gewebe, die sowohl Zucker als auch Fettsäuren verbrennen können, nur die Fettsäuren verstoffwechseln, und den Zucker für Zellen aufsparen, die ihn nötiger brauchen: die roten Blutkörperchen und das Gehirn. Unsere Zucker-Speicher in der Leber halten für maximal einen Tag, die Fettvorräte im Fettgewebe dagegen meist für mehrere Wochen.

Wie aber kommt es zu einem Anstieg der freien Fettsäuren, wenn wir nicht hungrig, sondern überernährt sind? Nach einer Nahrungsaufnahme haben wir eigentlich ja genau die gegenteilige Situation: Insulin steigt, (Nor-)Adrenalin sinkt und Zucker und Fettsäuren können von allen Geweben nach Belieben aufgenommen, verbrannt oder gespeichert werden. Fettzellen sind nun damit beschäftigt, die Fettsäuren aufzunehmen und in ihrem Speicherfett-Tröpfchen einzulagern. Kleine Fettzellen können dies besonders gut. So lange das Fettgewebe eine ausreichende Kapazität hat, also noch expandieren kann, ist alles gut. Wehe aber, wenn die vorhandenen Fettzellen alle an den Rand ihrer Maximalgröße kommen und keine neuen mehr rekrutiert werden können. Aus Gründen des Selbstschutzes (sie wollen ja nicht platzen) werden diese Fettzellen nun Insulin-resistent werden, das Insulin-Signal also ignorieren. Statt Fette aus dem Blut aufzunehmen, setzten sie zusätzliche Fettsäuren frei. Ein Fehlen des Insulins-Signals reicht schon aus, die Fettfreisetzung zu stimulieren, auch ohne (Nor-)Adrenalin. Sollte aber ein (Nor-)Adrenalin-Signal noch dazukommen, reagieren sie jetzt noch empfindlicher und geben besonders viele Fettsäuren ab. Dieser Prozess wird noch verstärkt von den im Fettgewebe anwesenden Immunzellen. Diese registrieren die Not der

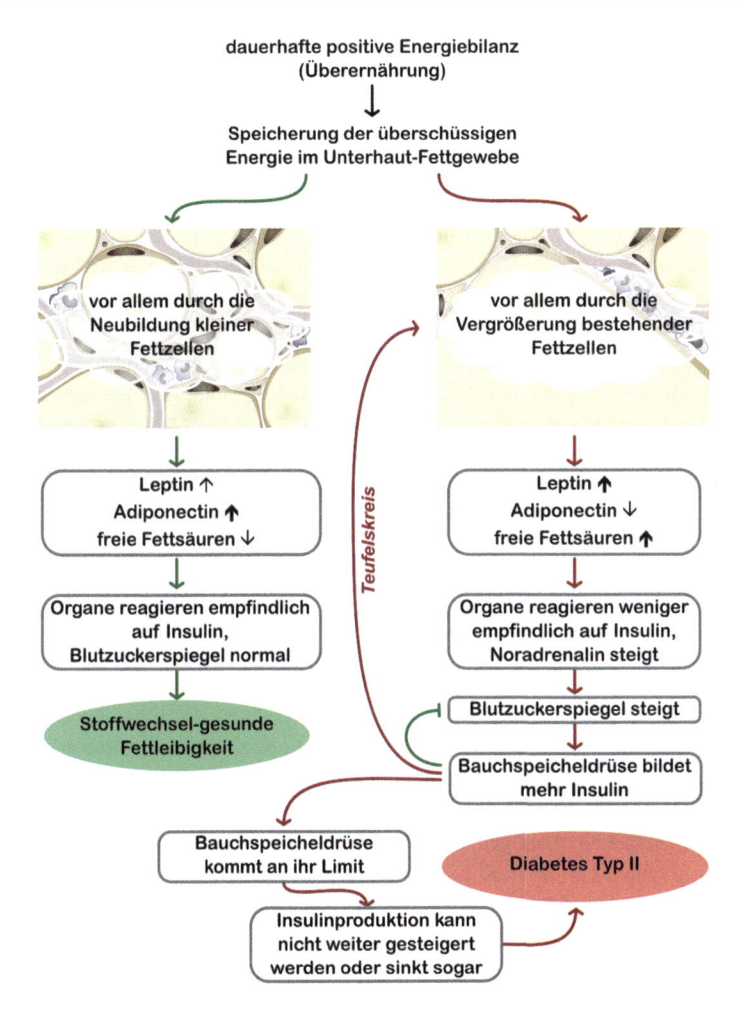

Abb. 4.1 Zusammenhang zwischen dauerhafter Überernährung und Diabetes Typ II. (Quelle: eigene Darstellung)

dicken Fettzellen und müssen sich auch um die ein oder andere kümmern, die es nicht rechtzeitig geschafft hat, mit dem Fettspeichern aufzuhören und an Fett-Überladung gestorben ist. Diese Immunzellen schütten nun pro-entzündliche Cytokine aus und sie rufen Immunzellen aus dem Blut, die nun vermehrt in das Fettgewebe einwandern. Überfordertes Fettgewebe ist also auch immer ein Ort einer sterilen Entzündung. Durch die Cytokine vor allem der eingewanderten Immunzellen werden nun auch die noch intakten Fettzellen Insulin-resistent. Bei den unterschiedlichen Speicherdepots ist die Überforderung unterschiedlich schnell erreicht: Am längsten hält das Unterhaut-Fettgewebe an Hüften und Po durch. Schneller erschöpft ist das Unterhaut-Fettgewebe am Bauch und besonders schnell überfordert ist das Fettgewebe im Eingeweidesack. In langen Phasen des Überflusses wird also zuerst der Hüftspeck gefüllt, dann kommt der Bauch dran und wenn dort auch nichts mehr geht, müssen Leber und Skelettmuskel verfetten. Letztere sind am wenigsten auf diese neue Aufgabe eingestellt und sind in ihren eigentlichen Funktionen deutlich eingeschränkt, wenn sie als Fettspeicher herhalten müssen.

Hält diese Situation der Überernährung trotz erschöpfter Fettspeicher an, resultiert irgendwann unweigerlich ein Typ II-Diabetes. Die erhöhten freien Fettsäuren im Blut und die chronische Entzündung sind beides Zeichen für den Skelettmuskel, keinen Zucker mehr aufzunehmen, und für die Leber, Zucker zu produzieren und ins Blut abzugeben (beide Organe „denken" ja fälschlicherweise, der Körper hätte Hunger oder würde gerade gegen einen auszehrenden Infekt kämpfen). Zucker gibt es aber im Überfluss, zirkuliert weiter im Blut und regt die Bauchspeicheldrüse zu vermehrter Insulin-Produktion an. Mehr Insulin zwingt mehr Fettsäuren und Zucker in die eh schon übersättigten Zellen, diese reagieren mit einer Verstärkung ihrer Insulin-Resistenz. So schaukeln sich Fettsäuren, Zucker und Insulin im Blut gegenseitig hoch. Solange die Bauchspeicheldrüse immer noch mehr Insulin freisetzen kann, ist die klassische Blutzuckermessung noch unauffällig. Fallen die erhöhten Blutfett- und Insulin-Spiegel auf, wird die Person als „prädiabetisch" eingestuft. Würde er oder sie jetzt anfangen, sich körperlich mehr zu betätigen und etwas weniger Kalorien mit der Nahrung zu sich zu nehmen, könnten die überschüssigen Fettsäuren wieder verbraucht werden, die Fettzellen könnten sich erholen und auch der Skelettmuskel und die Leber wieder angemessen auf Insulin reagieren.

Erst wenn der Zustand des dauernden Überflusses Jahre bis Jahrzehnte anhält, kommt es zu einer Situation, in der die Zellen in der Bauchspeicheldrüse ihre Insulin-Produktion nicht mehr steigern können und vor Erschöpfung absterben. Ein relativer Insulinmangel entsteht und der Blutzucker steigt bis auf kritische Werte. Dies ist nun das Bild eines Typ II-Diabetes, der rasch behandelt werden muss. Die beste Behandlung (aus Sicht des Fettgewebes), ist körperliche Aktivität und eine drastische Reduktion der Kalorienzufuhr. Etwa 50 % der Personen, die z. B. mithilfe einer bariatrischen Chirurgie (siehe unter Abschn. 4.2) dieses Ziel erreichen, haben nach kurzer Zeit keinen Diabetes mehr. Alternativ wäre es auch denkbar, die Speicherkapazität des Unterhaut-Fettgewebes durch Medikamente zu steigern. In einige der erwähnten Botenstoffe werden genau dafür große Hoffnungen gesetzt: Solche Medikamente sollten die Wirkung von FGF21, Östrogenen und Adiponectin steigern und die von TNF-α und dem Renin-Angiotensin-System hemmen. Die Akzeptanz dieser Zukunftsmedikamente könnte allerdings daran scheitern, dass unter der Therapie auch das Unterhaut-Fettgewebe zunehmen wird. Kaum ein Patient wird das derzeit aus ästhetischen Gründen akzeptieren. Zurzeit wird ein Typ II-Diabetes aber typischerweise durch Insulin-Spritzen behandelt. Die nicht mehr ausreichende Insulin-Produktion der Bauchspeicheldrüse wird durch Insulin als Medikament ergänzt und mehr und mehr ersetzt. Dadurch wird der Blutzuckerspiegel wieder auf Normalmaß gedrückt und eine potenziell lebensbedrohliche Ketoazidose verhindert. Das Insulin verschlechtert aber die Situation für Fettgewebe, Skelettmuskel und Leber. Sie verfetten weiter, funktionieren immer weniger und entzünden sich mehr und mehr.

4.2 Methoden, die Fettleibigkeit zu reduzieren: Potenzial und Risiken

Methoden, die Fettleibigkeit zu reduzieren, gibt es viele (s. Abb. 4.2). Eigentlich scheint die Lösung so einfach: Weniger Essen und mehr Bewegung. Bewegung macht jedoch hungrig und Essen macht glücklich. Die negativen psychischen

Methode	bewirkt dauerhafte Gewichtsreduktion	Veränderung in den Fett-Depots	Abwägung von Nutzen und Risiken
Reduktions-Diät	x	Hüfte/Po (↓) Eingeweide/Bauch ↓↓	☺ gut für das Fettgewebe; langfristige, geringe Kalorienreduktion ohne Kompromisse bei der Lebensfreude sind empfehlenswert
körperliche Aktivität	x	Hüfte/Po (←→) Eingeweide/Bauch ↓↓	☺ angepasste körperlicher Aktivität entlastet das Fettgewebe und erhöht den Grundumsatz; uneingeschränkt empfehlenswert
Medikamente	x	Hüfte/Po (↓) Eingeweide/Bauch ↓↓	☹ unterstützen die Diät-Bemühungen; bisher zugelassene Medikamente haben jedoch nur geringen Nutzen bei gleichzeitig starken Nebenwirkungen
Fettabsaugung	x	Hüfte/Po/Bauch ↓ Eingeweide ↑	☹ rein ästhetischer Nutzen, der durch die Umverteilung des Fettgewebes in andere Depots die gesundheitlichen Probleme verschlimmert
bariatrische Chirurgie	✓	Hüfte/Po ↓ Eingeweide/Bauch ↓↓	☹ invasiv, irreversibel und teuer mit einem geringen Risiko schwerer psychischer Folgen; aber wirkt: führt zu Gewichtsreduktion und kann assoziierte Krankheiten vermindern

Abb. 4.2 Potenzial und Risiko von Gewichtsreduktionsmethoden. (Quelle: eigene Darstellung)

Folgen einer Kalorien-reduzierten Diät halten daher nur sehr wenige lange aus. Schwere Depressionen und Sucht-Störungen sind die Folgen, wenn der Wunsch nach Essen zu lange unbefriedigt bleibt. Bewegung kann das Eingeweide-Fett vermindern und ist gut für die Gesundheit, aber schlank macht sie nur bei gleichzeitiger Kalorien-Reduktion. Wo wir wieder bei der Diät wären. Medikamente, die den Hunger unterdrücken, haben ähnliche Folgen wie eine Diät. Sie lösen Depressionen aus oder machen süchtig. Bleiben noch chirurgische Verfahren. Am bekanntesten ist die Fettabsaugung, der jedoch ausnahmslos das vorteilhafte Unterhaut-Fettgewebe zum Opfer fällt. Dadurch verschlechtern sich die Blutfette und mehr Fett lagert sich im Bauchraum an. Einzig wirklich effektiv für die Gewichtsreduktion ist derzeit die bariatrische Chirurgie, die die Nahrungsaufnahme im Magen-Darmtrakt chirurgisch auf ein Minimum reduziert. Auch wenn in vielen Fällen das Hungergefühl in Form eines Hunger-Hormons aus dem Magen quasi mit wegoperiert wurde, kommt es in einzelnen Fällen auch hier zu Depressionen und Suchtverhalten.

Kalorien-reduzierte Diäten
Chronische Überernährung führt zur Fettleibigkeit und zu vielen Gesundheitsproblemen. Menschen, die dauerhaft etwas weniger Kalorien zu sich nehmen, als sie benötigen, sind nicht nur schlank, sondern scheinen auch länger zu leben. Warum also essen wir alle dann nicht einfach etwas weniger? Weil wir in Jahrmillionen unserer Evolution danach selektiert wurden, Essen nicht zu verschmähen, wenn es leicht zu haben ist. Diejenigen unserer Vorfahren, die beim Essen mäkelig waren, haben schwere Krankheiten in der Kindheit seltener überlebt und damit auch weniger Nachfahren gezeugt. Nahrungsaufnahme ist daher einer der stärksten und sehr fest verankerten Belohnungsstimuli im Gehirn. Hunger motiviert zur Nahrungssuche und die Befriedigung des Hungers macht glücklich. Es gehört also eine enorme Selbstbeherrschung und dauernde bewusste Geistesanstrengung dazu, aus freien Stücken in einer Welt des Überflusses auf Nahrung zu verzichten. Die Abstinenz von Nahrung ist dabei durchaus vergleichbar von der Abstinenz von einer süchtig machenden Droge (Rogers 2017). Während jedoch die Abstinenz von einer Droge mit vergehender Zeit zumindest nicht schwieriger wird, kommen bei einer Reduktions-Diät noch hormonelle Umstellungen (Sättigungs-Hormone sinken, Hunger-Hormone steigen) und Anpassungen des Energiestoffwechsels (Grundumsatz sinkt) erschwerend hinzu. Typische Diäten zeichnen sich daher durch eine Gewichtsabnahme in den ersten Wochen bis Monaten aus, gefolgt von einer Plateau-Phase und einem erneuten Anstieg des Gewichtes, oft über den Wert vor der Diät. Denn den Schock einer

Kalorien-Reduktion merkt sich unser Körper für lange Zeit: die hormonellen Veränderungen und der verringerte Grundumsatz bleiben selbst nach Abbruch der Diät erhalten und auch im Gehirn bleibt das Belohnungssystem empfänglicher für Nahrungsreize (Evert und Franz 2017). Da jedoch mit einem auch noch so kleinen Kalorien-Mangel die Überforderung des Fettgewebes aufgehoben wird und besonders das problematische Eingeweide-Fettdepot reagiert, ist schon eine moderate Reduktion der aufgenommenen Kalorien, wenn sie dauerhaft und ohne Verzicht auf Lebensqualität durchgehalten werden kann, hilfreich.

Körperliche Aktivität
Fettleibigkeit muss nicht mit gesundheitlichen Problemen einhergehen, wie Sumo-Ringer und andere körperlich aktive Übergewichtige zeigen. Körperliche Fitness ist das wichtigste Kriterium, das metabolisch gesund Fettleibige von denen mit gesundheitlichen Problemen unterscheidet (Lavie 2019). Durch die körperliche Aktivität wird das Fettgewebe umverteilt, vom Eingeweidesack hin zum Unterhaut-Fett und die Fettzellen sind im Mittel kleiner als bei weniger aktiven Menschen (Smith et al. 2019). Es kommt also nicht auf die Menge an Fettgewebe an, sondern auf die Funktionsfähigkeit des Fettgewebes. Kleine Fettzellen und solche im Hüft- und Po-Bereich können ein schädliches Übermaß an Fett gut abpuffern. Fettgewebe kann natürlich körperliche Aktivitäten behindern und im schlimmsten Fall unmöglich machen. In solchen Fällen kann eigentlich nur die bariatrische Chirurgie helfen. Wenn aber Bewegung prinzipiell möglich ist, dann ist der Aufbau und Erhalt körperlicher Fitness das beste Mittel für den Erhalt der Gesundheit, unabhängig von der Menge an Fettgewebe.

Medikamente
Medikamente, die das Abnehmen unterstützen sollen, haben verschiedene Ansatzpunkte: Sie reduzieren die Aufnahme von Nahrung im Verdauungstrakt, fördern die Abgabe von Kalorien über den Urin oder als Wärme oder steigern im Gehirn das Sättigungsgefühl, indem sie entweder in die peripheren Hunger- und Sättigungshormone eingreifen, oder direkt in die Neurotransmitter-Wirkung im Gehirn (Pilitsi et al. 2019). Beispiele: *Orlistat* hemmt die Pankreaslipase, ein Verdauungsenzym, das die Fette der Nahrung spaltet und so für uns zugänglich macht. Mit Orlistat können wir also Fettiges essen, ohne dass die Kalorien im Körper ankommen. Nachteil: die Fette kommen unverdaut bis in den Dickdarm, wo sie zum Teil von den Bakterien in übelriechende Gase umgesetzt werden. Das Resultat sind Blähungen und großvolumige, stinkende Fettstühle. *SGLT-2-Inhibitoren* hemmen die Rückresoption des Blutzuckers in der Niere, sodass Zucker ausgepinkelt wird. Zugelassen sind sie bisher nur für Typ II-Diabetiker, die ihren

Blutzuckerspiegel anders nicht ausreichend senken können. Und auch nur bei diesen werden genug Kalorien ausgepinkelt, um einen bedeutsamen Effekt auf das Körpergewicht zu haben. *Mirabegron* ist ein Aktivator des β3-adrenergen Rezeptors, der unter anderem braune Fettzellen zur Wärmeproduktion aktiviert (Baskin et al. 2018). Da Menschen jedoch so gut wie kein braunes Fettgewebe besitzen, ist der Effekt vernachlässigbar. Das periphere Hungerhormon Ghrelin lässt sich relativ leicht vermindern, indem man den Magen dehnt. Hierzu sind z. B. Tabletten auf dem Markt, die im Magen aufquellen und diesen für eine längere Zeit füllen. Die Strategie ist nicht neu und wurde schon immer in Zeiten des Nahrungsmangels angewandt: Das Volumen hilft bei Eintöpfen und Suppen und täuscht über eine geringe Kaloriendichte hinweg. *Liraglutide* ist ein Analogon zu einem der Sättigungshormone aus dem Darm. Als Peptid muss es wie Insulin gespritzt werden und verursacht ein Völlegefühl gepaart mit Übelkeit. Medikamente, die im Gehirn das Sättigungsgefühl fördern, sind häufig von süchtig machenden Drogen abgeleitet: Amphetamine und Kokain machen schlank, Cannabis macht eher hungrig. *Phentermin* ist ein Amphetamin-Derivat und *Tesofensin* ist ein Kokain-Analog. *Rimonabant,* ein Cannabis-Rezeptor-Blocker, wurde wieder vom Markt genommen, da einige Nutzer von schweren Depressionen bis hin zu Selbstmord-Gedanken geplagt wurden. Da Essverhalten viele Gemeinsamkeiten mit Suchtverhalten zeigt (Rogers 2017), sind auch Medikamente in Gebrauch, die zur Unterstützung von Drogen-Entzugskuren angewandt werden: *Naltrexon* gegen Opiate und Alkohol-Sucht und *Bupropion* gegen Nikotin-Sucht. Neuere Ansätze sind Medikamente, die spezifischer die neuronalen Verknüpfungen im Hunger-/Sättigungszentrum des Gehirns beeinflussen. *Lorcaserin* und *Setmelanotide* aktivieren spezifische Neurotransmitter-Rezeptoren, die Satt-Sein vermitteln. Von diesen erhoffen sich die Forscher weniger drastische Nebenwirkungen. Zusammenfassend lässt sich feststellen, dass all diese Medikamente keinen durchschlagenden Effekt und viele Nebenwirkungen haben, aber einzelne evtl. eine Gewichtsreduktion durch Diät unterstützen können.

Chirurgische Fettentfernung

Die chirurgische Entfernung von Fettgewebe findet beim Menschen in aller Regel aus ästhetischen Gründen statt und beschränkt sich auf das Unterhaut-Fettgewebe: Kleinere Mengen (1–3 kg) durch Fettabsaugung alleine, bei größeren Mengen wird die überschüssige Haut mitentfernt. Wenn die Bauchdecke bei der Prozedur nicht beschädigt wird, ist eine chirurgische Fettentfernung relativ sicher. Bei den rein ästhetischen Eingriffen ohne begleitende Maßnahmen wie Kalorien-Reduktion und vermehrte körperliche Aktivität kommt es zu einer Zunahme an Blutfetten, da das Unterhaut-Fettgewebe als Auffangbecken reduziert ist. Auf längere Sicht (nach über 6 Monaten) kommt es zu einer erneuten Zunahme von Fettgewebe vor allem im Eingeweidesack (Hernandez et al. 2011, 2015). Positiv zu sehen ist eine Entfernung von Unterhaut-Fettgewebe dann, wenn die betroffene Person zuvor wegen massiver Fettwucherungen an den Beinen kaum noch gehfähig war und erst nach der Operation wieder körperlich aktiv und fit werden kann. In den anderen Situationen führt der gewünschte ästhetische Effekt zu einer Verschlechterung der Stoffwechsel-Parameter. Unbestritten wäre eine Entfernung überschüssigen Eingeweide-Fetts der Gesundheit förderlich. Diese Operation ist jedoch wesentlich riskanter und wurde bisher nur an Versuchstieren durchgeführt (Andrew et al. 2018; Rocic 2019).

Bariatrische Chirurgie
Bei der bariatrischen Chirurgie wird der Magen-Darm-Trakt so verändert, dass nur noch kleinste Mengen an fester Nahrung pro Mahlzeit gegessen werden können (Magenschlauch und Magenbypass) und die aufgenommene Nahrung auch kaum noch verdaut wird (nur Magenbypass). Der Magenbypass ist effektiver, aber erfordert auch lebenslanges Monitoring und Supplementation, weil auch Vitamine und Spurenelemente nicht mehr in ausreichenden Mengen aufgenommen werden. Beide Operationen führen bei den Patienten zu einer anhaltenden (über 15 Jahre) deutlichen Reduzierung des Übergewichts um ca. 50 %, und einem Rückgang von Typ II-Diabetes, Bluthochdruck und erhöhten Blutfetten (Rocic 2019). Da das Eingeweide-Fett auf eine Kalorienreduktion besonders flexibel reagiert, wird es auch hier bevorzugt abgebaut, was die durchweg positiven Effekte auf die Stoffwechsel-Krankheiten erklärt.

Was Sie aus diesem *essential* mitnehmen können

- Fettgewebe kommt fast überall in unserem Körper vor und je nach Ort hat es unterschiedlichste Funktionen: Stoßdämpfer, Platzhalter, Gleitschmiere, Wärmeisolation, Energiespeicher.
- Die größten Fettgewebe-Depots mit Energiespeicher-Funktion im menschlichen Körper sind das Unterhaut- und das Eingeweide-Fett.
- Entwickelt hat sich das Speicherfett im Laufe der Evolution, um Zeiten des Mangels bei Nahrungsknappheit aber auch Infektionskrankheiten zu überbrücken.
- Bei Nahrungsüberschuss kann Fettgewebe auf zwei Arten wachsen: neue Fettzellen können aus Vorläufern gebildet werden oder schon bestehende Fettzellen können noch mehr Fett einlagern und größer werden. Bei Nahrungsmangel geben die bestehenden Fettzellen ihr Fett ab und werden wieder kleiner.
- Lokale Botenstoffe und Hormone koordinieren dabei das Zusammenspiel der verschiedenen Zellen innerhalb eines Fettgewebes und das Zusammenspiel des Fettgewebes mit den anderen Organen des Körpers.
- Lokal im Fettgewebe geht es bei der zellulären Kommunikation vor allem darum, einen ausreichenden Vorrat an Vorläuferzellen bereitzustellen (Wachstumsfaktoren wie FGF1 und FGF2), neue Fettzellen aus dem Vorläufer-Pool zu bilden (FGF1, MCP1 und Prostacyclin), die Fettspeicherung in Fettzellen anzuregen (Endocannabinoide), für eine ausreichende Blutversorgung der neuen oder dickeren Zellen zu sorgen (Prostacyclin und Östrogene) und bei drohendem Tod einer Fettzelle Immunzellen zu alarmieren, die sich um die Überreste kümmern (IL-6, MCP1).
- Zwei Hormone regeln den Großteil der Kommunikation mit dem Rest des Körpers: Leptin meldet dem Gehirn, ob genug Fett als Energiespeicher vorhanden

ist, und Adiponectin signalisiert, wie viel Speicherkapazität noch frei ist. Beide Hormone werden von Fettzellen gebildet und abgegeben: bei Leptin umso mehr, je dicker die Zelle ist, bei Adiponectin ist es umgekehrt.
- In den letzten ca. 100 Jahren gab es in einigen Ländern der Erde für Menschen kaum noch „schlechte Zeiten", also wurde das Fett aus dem Speicherfettgewebe kaum noch abgerufen. Da alle Regelkreise und Botenstoffe des Fettgewebes jedoch in Jahrmillionen des regelmäßigen Mangels entstanden sind, sind sie der jetzigen Situation nicht gewachsen. Lokale Botenstoffe dringen nach außen, wo sie falsch verstanden werden. Adiponectin wird von den viel zu dicken Fettzellen kaum noch ausgeschüttet, das Speicherfettgewebe weigert sich also, noch mehr Fett aufzunehmen. Stattdessen muss es an anderen Orten und in anderen Organen gespeichert werden. Und die immer weiter steigenden Leptin-Spiegel haben keinen Einfluss auf unser Essverhalten, steigern aber dauerhaft die Aktivität unseres sympathischen Nervensystems, was unter anderem das Herz-Kreislauf-System unnötig unter Druck setzt.
- Gesundes Unterhaut-Speicher-Fettgewebe ist gerade in diesen Zeiten des Überflusses besonders wichtig. Therapien, die zu einer Vergrößerung dieses Fettgewebsdepots durch Bildung neuer Fettzellen führen, wirken sich durchgehend positiv auf den Stoffwechsel der Patienten aus. Daher sollten wir unsere Speckröllchen nicht verteufeln, sondern ihnen einfach hin und wieder ein wenig körperliche Aktivität und eine Pause von all dem Nahrungsüberschuss gönnen.

Literatur

Allen TL, Febbraio MA (2010) IL6 as a mediator of insulin resistance: fat or fiction? Diabetologia 53(3):399–402

Andrew MS, Huffman DM, Rodriguez-Ayala E, Williams NN, Peterson RM, Bastarrachea RA (2018) Mesenteric visceral lipectomy using tissue liquefaction technology reverses insulin resistance and causes weight loss in baboons. Surg Obes Relat Dis 14(6):833–841

Barquissau V, Ghandour RA, Ailhaud G, Klingenspor M, Langin D, Amri EZ, Pisani DF (2017) Control of adipogenesis by oxylipins, GPCRs and PPARs. Biochimie 136:3–11

Baskin AS, Linderman JD, Brychta RJ, McGehee S, Anflick-Chames E, Cero C, Johnson JW, O'Mara AE, Fletcher LA, Leitner BP, Duckworth CJ, Huang S, Cai H, Garraffo HM, Millo CM, Dieckmann W, Tolstikov V, Chen EY, Gao F, Narain NR, Kiebish MA, Walter PJ, Herscovitch P, Chen KY, Cypess AM (2018) Regulation of human adipose tissue activation, gallbladder size, and bile acid metabolism by a β3-adrenergic receptor agonist. Diabetes 67(10):2113–2125

Braune J, Weyer U, Hobusch C, Mauer J, Brüning JC, Bechmann I, Gericke M (2017) IL-6 regulates M2 polarization and local proliferation of adipose tissue macrophages in obesity. J Immunol 198(7):2927–2934

Caron A, Lee S, Elmquist JK, Gautron L (2018) Leptin and brain-adipose crosstalks. Nat Rev Neurosci 19(3):153–165

Caspar-Bauguil S, Kolditz CI, Lefort C, Vila I, Mouisel E, Beuzelin D, Tavernier G, Marques MA, Zakaroff-Girard A, Pecher C, Houssier M, Mir L, Nicolas S, Moro C, Langin D (2015) Fatty acids from fat cell lipolysis do not activate an inflammatory response but are stored as triacylglycerols in adipose tissue macrophages. Diabetologia 58(11):2627–2636

Celi FS, Brychta RJ, Linderman JD, Butler PW, Alberobello AT, Smith S, Courville AB, Lai EW, Costello R, Skarulis MC, Csako G, Remaley A, Pacak K, Chen KY (2010) Minimal changes in environmental temperature result in a significant increase in energy expenditure and changes in the hormonal homeostasis in healthy adults. Eur J Endocrinol 163:863–872

Cinti S (2018) Adipose organ development and remodeling. Compr Physiol 8:1357–1431

DAG Medienleitfaden (2018) Empfehlungen zum Umgang mit Adipositas und Menschen mit Übergewicht in den Medien. Deutsche Adipositas-Gesellschaft, München und Interdisziplinäres Forschungs-und Behandlungszentrum (IFB) AdipositasErkrankungen Leipzig. https://adipositas-gesellschaft.de/fileadmin/PDF/Presse/A5_DAG-MLF2018_NS_RZ_08102018.pdf. Zugegriffen: 25. Sept. 2019

Daly M, Sutin AR, Robinson E (2019) Perceived weight discrimination mediates the prospective association between obesity and physiological dysregulation: evidence from a population-based cohort. Psychol Sci 30(7):1030–1039

DEBInet Deutsches Ernährungsberatungs- und informationsnetz Freudenstadt. http://www.ernaehrung.de/lebensmittel/de/Q860000/Schweineschmalz–fett.php, http://www.ernaehrung.de/lebensmittel/de/Q550000/Kokosfett.php. Zugegriffen: 20. Nov. 2019

Evert AB, Franz MJ (2017) Why weight loss maintenance is difficult. Diabetes Spectr 30(3):153–156

Fang H, Judd RL (2018) Adiponectin regulation and function. Compr Physiol 8(3):1031–1063

Fazeli PK, Lun M, Kim SM, Bredella MA, Wright S, Zhang Y, Lee H, Catana C, Klibanski A, Patwari P, Steinhauser ML (2015) FGF21 and the late adaptive response to starvation in humans. J Clin Invest 125(12):4601–4611

Ferland-McCollough D, Maselli D, Spinetti G, Sambataro M, Sullivan N, Blom A, Madeddu P (2018) MCP-1 feedback loop between adipocytes and mesenchymal stromal cells causes fat accumulation and contributes to hematopoietic stem cell rarefaction in the bone marrow of patients with diabetes. Diabetes 67(7):1380–1394

Frasca D, Blomberg BB (2019) Adipose tissue: a tertiary lymphoid organ: does it change with age? Gerontology. https://doi.org/10.1159/000502036

Gérard C, Brown KA (2018) Obesity and breast cancer – role of estrogens and the molecular underpinnings of aromatase regulation in breast adipose tissue. Mol Cell Endocrinol 466:15–30

Ghosh S, Hu Y, Li R (2010) Cell density is a critical determinant of aromatase expression in adipose stromal cells. J Steroid Biochem Mol Biol 118(4–5):231–236

Hernandez TL, Kittelson JM, Law CK, Ketch LL, Stob NR, Lindstrom RC, Scherzinger A, Stamm ER, Eckel RH (2011) Fat redistribution following suction lipectomy: defense of body fat and patterns of restoration. Obesity 19(7):1388–1395

Hernandez TL, Bessesen DH, Cox-York KA, Erickson CB, Law CK, Anderson MK, Wang H, Jackman MR, Van Pelt RE (2015) Femoral lipectomy increases postprandial lipemia in women. Am J Physiol Endocrinol Metab 309(1):E63–E71

Hetemäki N, Savolainen-Peltonen H, Tikkanen MJ, Wang F, Paatela H, Hämäläinen E, Turpeinen U, Haanpää M, Vihma V, Mikkola TS (2017) Estrogen metabolism in abdominal subcutaneous and visceral adipose tissue in postmenopausal women. J Clin Endocrinol Metab 102(12):4588–4595

Huang W, Queen NJ, McMurphy TB, Ali S, Cao L (2019) Adipose PTEN regulates adult adipose tissue homeostasis and redistribution via a PTEN-leptin-sympathetic loop. Mol Metab 30:48–60

Jernås M, Palming J, Sjöholm K, Jennische E, Svensson PA, Gabrielsson BG, Levin M, Sjögren A, Rudemo M, Lystig TC, Carlsson B, Carlsson LM, Lönn M (2006) Separation of human adipocytes by size: hypertrophic fat cells display distinct gene expression. FASEB J 20:E832–E839

Jonker JW, Suh JM, Atkins AR, Ahmadian M, Li P, Whyte J, He M, Juguilon H, Yin YQ, Phillips CT, Yu RT, Olefsky JM, Henry RR, Downes M, Evans RM (2012) A PPARγ-FGF1 axis is required for adaptive adipose remodelling and metabolic homeostasis. Nature 485(7398):391–394

Kamble PG, Pereira MJ, Almby K, Eriksson JW (2019) Estrogen interacts with glucocorticoids in the regulation of lipocalin 2 expression in human adipose tissue. Reciprocal roles of estrogen receptor α and β in insulin resistance? Mol Cell Endocrinol 490:28–36

Kim JH, Cho HT, Kim YJ (2014) The role of estrogen in adipose tissue metabolism: insights into glucose homeostasis regulation. Endocr J 61(11):1055–1067

Kingsbury KJ, Paul S, Crossley A, Morgan DM (1961) The fatty acid composition of human depot fat. Biochem J 78(3):541–550

Kuzawa CW (1998) Adipose tissue in human infancy and childhood: an evolutionary perspective. Yrbk Phys Anthropol 41:177–209

Lavie C (2019) 'Metabolically healthy' obesity? Depends on physical activity. MedPage Today. https://www.medpagetoday.com/clinical-connection/cardio-endo/77502. Zugegriffen: 25. Sept. 2019

Meyer LK, Ciaraldi TP, Henry RR, Wittgrove AC, Phillips SA (2013) Adipose tissue depot and cell size dependency of adiponectin synthesis and secretion in human obesity. Adipocyte 2(4):217–226

Oliva-Olivera W, Coín-Aragüez L, Lhamyani S, Clemente-Postigo M, Torres JA, Bernal-López MR, El Bekay R, Tinahones FJ (2017) Adipogenic impairment of adipose tissue-derived mesenchymal stem cells in subjects with metabolic syndrome: possible protective role of FGF2. J Clin Endocrinol Metab 102(2):478–487

Peluso I, Palmery M (2016) The relationship between body weight and inflammation: lesson from anti-TNF-α antibody therapy. Hum Immunol 77(1):47–53

Petroianu G, Osswald M (2000) Anästhesie in Frage und Antwort. Springer, Berlin

Pilitsi E, Farr OM, Polyzos SA, Perakakis N, Nolen-Doerr E, Papathanasiou AE, Mantzoros CS (2019) Pharmacotherapy of obesity: available medications and drugs under investigation. Metabolism 92:170–192

Rahman MS (2018) Prostacyclin: a major prostaglandin in the regulation of adipose tissue development. J Cell Physiol 234(4):3254–3262

Rocic P (2019) Comparison of cardiovascular benefits of bariatric surgery and abdominal lipectomy. Curr Hypertens Rep 21(5):37

Rogers PJ (2017) Food and drug addictions: similarities and differences. Pharmacol Biochem Behav 153:182–190

Saad MF, Riad-Gabriel MG, Khan A, Sharma A, Michael R, Jinagouda SD, Boyadjian R, Steil GM (1998) Diurnal and ultradian rhythmicity of plasma leptin: effects of gender and adiposity. J Clin Endocrinol Metab 83(2):453–459

Schling P (2002) Expression of angiotensin II receptors type 1 and type 2 in human preadipose cells during differentiation. Horm Metab Res 34(11–12):709–715

Schling P, Schäfer T (2002) Human adipose tissue cells keep tight control on the angiotensin II levels in their vicinity. J Biol Chem 277(50):48066–48075

Shimobayashi M, Albert V, Woelnerhanssen B, Frei IC, Weissenberger D, Meyer-Gerspach AC, Clement N, Moes S, Colombi M, Meier JA, Swierczynska MM, Jenö P, Beglinger C, Peterli R, Hall MN (2018) Insulin resistance causes inflammation in adipose tissue. J Clin Invest 128(4):1538–1550

Smith GI, Mittendorfer B, Klein S (2019) Metabolically healthy obesity: facts and fantasies. J Clin Invest. https://doi.org/10.1172/JCI129186 pii: 129186

Sysoeva VY, Ageeva LV, Tyurin-Kuzmin PA, Sharonov GV, Dyikanov DT, Kalinina NI, Tkachuk VA (2017) Local angiotensin II promotes adipogenic differentiation of human adipose tissue mesenchymal stem cells through type 2 angiotensin receptor. Stem Cell Res 25:115–122

Talukdar S, Zhou Y, Li D, Rossulek M, Dong J, Somayaji V, Weng Y, Clark R, Lanba A, Owen BM, Brenner MB, Trimmer JK, Gropp KE, Chabot JR, Erion DM, Rolph TP, Goodwin B, Calle RA (2016) A long-acting FGF21 molecule, PF-05231023, decreases body weight and improves lipid profile in non-human primates and type 2 diabetic subjects. Cell Metab 23(3):427–440

Tian XY, Ganeshan K, Hong C, Nguyen KF, Qiu Y, Kim J, Tangirala RK, Tontonoz P, Chawla A (2016) Thermoneutral housing accelerates metabolic inflammation to potentiate atherosclerosis but not insulin resistance. Cell Metab 23(1):165–178

Trenti A, Tedesco S, Boscaro C, Trevisi L, Bolego C, Cignarella A (2018) Estrogen, angiogenesis, immunity and cell metabolism: solving the puzzle. Int J Mol Sci 19(3). http://dx.doi.org/10.3390/ijms19030859

van Eenige R, van der Stelt M, Rensen PCN, Kooijman S (2018) Regulation of adipose tissue metabolism by the endocannabinoid system. Trends Endocrinol Metab 29(5):326–337

Wabitsch M, Brenner RE, Melzner I, Braun M, Moèller P, Heinze E, Debatin KM, Hauner H (2001) Characterization of a human preadipocyte cell strain with high capacity for adipose differentiation. Int J Obes 25:8–15

Zebisch K, Voigt V, Wabitsch M, Brandsch M (2012) Protocol for effective differentiation of 3T3-L1 cells to adipocytes. Anal Biochem 425:88–90

Zeng W, Pirzgalska RM, Pereira MM, Kubasova N, Barateiro A, Seixas E, Lu YH, Kozlova A, Voss H, Martins GG, Friedman JM, Domingos AI (2015) Sympathetic neuro-adipose connections mediate leptin-driven lipolysis. Cell 163(1):84–94

Zha JM, Di WJ, Zhu T, Xie Y, Yu J, Liu J, Chen P, Ding G (2009) Comparison of gene transcription between subcutaneous and visceral adipose tissue in Chinese adults. Endocr J 56(8):935–944

Springer Spektrum

springer-spektrum.de

}essentials{

Petra Schling

Der Geschmack

Von Genen, Molekülen und der faszinierenden Biologie eines der grundlegendsten Sinne

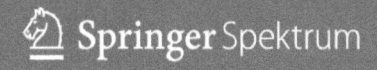

Springer Spektrum

Jetzt im Springer-Shop bestellen:
springer.com/978-3-658-25213-7

Printed by Printforce, the Netherlands